U0870546

陕西省自然科学青年基金会
中煤科工集团西安研究院有限公司 资助出版

准格尔煤田东部赋存风氧化规律探查及对策研究

JUNGAR MEITIAN DONGBU FUCUN FENGYANGHUA GUILü TANCHA JI DUICE YANJIU

李志军 王 程 李小沫 编著

中国地质大学出版社
ZHONGGUO DIZHI DAXUE CHUBANSHE

内容简介

本书介绍了煤层风氧化的成因，风氧化煤层的勘探技术与方法，重点分析了准格尔煤田东部风氧化煤的勘探结果，对风氧化煤形成机理及影响因素进行了研究，并针对风氧化煤的开采工艺及相关措施进行总结，本书内容对风氧化煤下一步的探查和开采具有重要意义。

图书在版编目(CIP)数据

准格尔煤田东部赋存风氧化规律探查及对策研究/李志军，王程，李小沫编著. —武汉：中国地质大学出版社，2022.3

ISBN 978-7-5625-5195-9

Ⅰ.①准…
Ⅱ.①李… ②王… ③李…
Ⅲ.①薄煤层-煤田地质-研究-准格尔旗
Ⅳ.①P618.110.2

中国版本图书馆 CIP 数据核字(2022)第 268495 号

准格尔煤田东部赋存风氧化规律探查及对策研究 李志军 王程 李小沫 **编著**

责任编辑：韩 骑 选题策划：韩 骑 张晓红 责任校对：何澍语

出版发行：中国地质大学出版社(武汉市洪山区鲁磨路 388 号) 邮编：430074
电 话：(027)67883511 传 真：(027)67883580 E-mail：cbb@cug.edu.cn
经 销：全国新华书店 http://cugp.cug.edu.cn

开本：787 毫米×1 092 毫米 1/16 字数：211 千字 印张：8.25
版次：2022 年 3 月第 1 版 印次：2022 年 3 月第 1 次印刷
印刷：河北华商印刷有限公司

ISBN 978-7-5625-5195-9 定价：58.00 元

如有印装质量问题请与印刷厂联系调换

前　言

准格尔煤田位于内蒙古自治区中西部、鄂尔多斯盆地东缘北端、准格尔旗的东南部，南北长约 65km，东西宽约 21km，面积大约为 1365km^2，煤炭煤质好，煤层层数多、厚度大，目前探明煤田储备量为 267.6Gt，是我国西部特大型综合能源基地。煤田总的构造轮廓为一东部隆起、西部拗陷，走向近南北、向西倾斜的单斜构造，区内发育 10 个规模较大的褶皱和 4 条规模较大的断层构造；煤田东部靠近黄河，煤层埋深浅，部分区域煤层出露地表。这些构造发育带和煤层露头区域出现较强的煤层风氧化现象，导致煤质变差，特别是煤层埋深较浅的东部区域，煤层风氧化现象最为严重。在煤层风氧化区域，煤层一般没有基本顶板，区内裂隙发育，使得风氧化煤岩导水能力大大提高。煤岩层风氧化带严重影响了采掘工作面顶板管理、水害防治和煤质管理工作，对矿井正常的采掘活动极为不利。笔者在准格尔煤田工作多年，研究了准格尔煤田煤层风氧化的基本规律、探查方法及技术对策，为了方便相关从业人员参阅与借鉴，在众多合作者的支持和帮助下，我们决定出版此专著。

全书共分为 7 章。第 1 章对准格尔煤田的基本情况进行了介绍；第 2 章阐述了煤层风氧化的基本概念；第 3 章介绍了煤层风氧化带探查的地球物理前提、勘探方法的原理及技术优势；第 4 章从钻探角度介绍了煤层风氧化区的探查手段及需要注意的问题；第 5 章以串草圪旦煤矿、红树梁煤矿、黑岱沟煤矿和不连沟煤矿为样本，从南到北依次对各个矿区进行的勘察工作和成果进行归纳总结，初步分析了准格尔煤田东部煤层风氧化探查及风氧化带赋存规律；第 6 章总结了准格尔煤田东部煤层风氧化带赋存规律、探查方法、面临的问题及技术对策；第 7 章总结了本书主要研究成果，制定了后续研究方向。

编写团队从 2021 年开始收集各类资料，草拟了编写提纲，在编写过程中，不断对提纲进行修改与优化。本书由李志军、王程主持完成，参与本书编写人员的具体分工如下：第 1 章由李志军、郭建磊编写；第 2 章由郭建磊编写；第 3 章由王程编写；第 4 章由张振振编写；第 5 章由李志军、张振振、姚伟华、王程编写；第 6 章由姚伟华编写；第 7 章由王程编写；图件编辑由张振振负责，全书由李志军、王程统稿。

中煤科工集团西安研究院有限公司电法所所长吴璋研究员、副所长石亚丁研究员、副所长高小伟高级工程师，内蒙古开滦投资有限公司总工程师夏欢阁高级工程师、李小沫高级工程师等给予了大力支持与指导。本书除引用了文中已注明的公开出版的论文、专著外，还引用了大量前人在准格尔煤田完成的区域地质勘探、水文地质勘探等研究资料，后者由于未公开出版，没有列入本书的参考文献。在此，对给本书提供帮助的所有同志和本书所引资料的作者一并表示谢意！

本书得到了陕西省自然科学青年基金资助项目(2020JQ-995)和中煤科工集团西安研究院有限公司的资助，以及中国地质大学出版社的大力支持，才得以顺利出版，谨在此表示衷心感谢！

由于笔者水平有限，书中难免存在疏漏和不足之处，敬请读者指正。

笔者

2021 年 11 月

目　录

第 1 章　准格尔煤田简介

1.1　地理位置

准格尔煤田位于内蒙古自治区中西部、鄂尔多斯盆地东缘北端、准格尔旗的东南部，行政区划隶属于内蒙古自治区鄂尔多斯市准格尔旗，其东、南面分别与山西、陕西接壤，位于三省(自治区)交界地带。煤田北起东孔兑乡，南至马栅一带，东邻黄河，西至纳林陶亥镇、罕台镇一带，是我国西部特大型综合性能源基地(图 1-1)。煤田北面距呼和浩特市 128km，距包头市 180km。

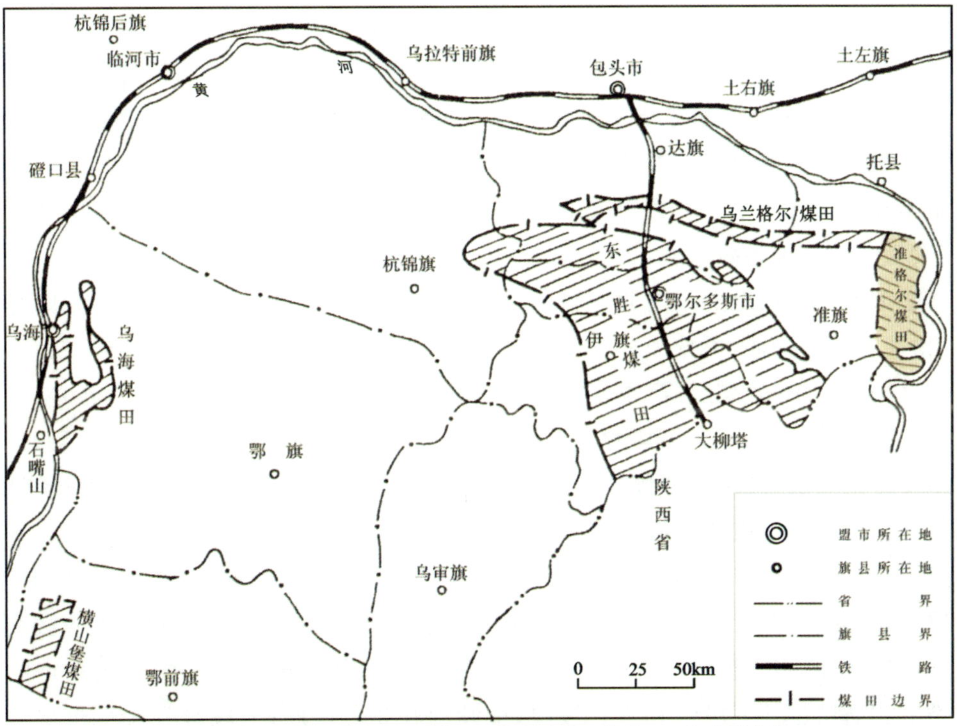

注：鄂前旗——鄂托克前旗，鄂旗——鄂托克旗，伊旗——伊金霍洛旗，准旗——准格尔旗，达旗——达拉特旗，土右旗——土默特右旗，土左旗——土默特左旗

图 1-1　准格尔煤田地理位置示意图

1.2 面积及储量

准格尔煤田南北长约65km,东西宽约21km,面积大约为1365km^2,占准格尔旗(准旗)面积近18%,煤炭煤质好,煤层层数多,适于露天开采。目前,煤田探明储备量为267.6Gt。

1.3 形成年代

煤田所处区域在寒武纪之前未发生过大的地壳运动。早、中奥陶世,地壳整体下降,海水入侵,沉积了浅海相的灰岩及白云质灰岩,到中奥陶世末,受加里东运动的影响,地壳上升,形成大陆,尔后长期遭受剥蚀夷平,致使晚奥陶世、志留纪、泥盆纪、早石炭世的沉积缺失,直至晚石炭世,地壳才有缓慢的升降运动。海水时进时退的现象形成了早石炭世海陆交互相的沉积。晚石炭世海水逐渐退出,形成了三角洲、潟湖海湾、沼泽相与泥炭沼泽相的沉积。由于沉积速度与地壳下降速度达到了相对平衡,加之气候湿润,有利于成煤植物生长,本区形成了太原组与山西组的煤层。之后,海水退出,气候变得炎热干燥,形成了一套紫红色、棕红色的陆相碎屑岩沉积。侏罗纪的气候虽然又复转为湿润,植物复生,但从海西运动晚期,本区一直处于地壳上升阶段,未能接受侏罗纪的沉积,直到早白垩世,由于燕山运动的影响,本区地层发生了平缓的波状褶皱和断裂,同时在煤田北部的洼地中接受了一套内陆开阔盆地河湖相红色粗碎屑岩沉积,从北向南超覆于各时代地层之上,局部伴有基性玄武岩的喷发。燕山运动晚期,地壳再度上升,形成今日地貌的雏形。

准格尔煤田属石炭纪—二叠纪煤田,石炭纪含煤地层主要为太原组,也是本区主要含煤地层;其次为下二叠统山西组。

石炭纪太原组含煤地层是内蒙古自治区重要含煤地层之一。准格尔煤田太原组发育良好,据其物性及生物特征,可分为上、下两段。下段主要为浅灰色长石石英砂岩,灰色、深灰色泥岩、泥灰岩及7~10号煤层,产丰富的动植物化石;上段主要为灰色粗粒杂砂岩,浅灰色泥岩,高岭石黏土岩及巨厚复杂结构的6号煤层,产丰富的植物化石。全组含煤5层,6号、9号煤层为主要可采煤层,其中6号煤层全区发育且稳定,以黑岱沟矿区最厚,向南逐渐变薄;该组地层与下伏地层本溪组整合接触。

山西组含煤地层分布范围与太原组相同。在准格尔煤田,山西组由灰白色中粗砂岩、灰黑色砂质泥岩、泥岩、黏土岩及煤组成。山西组含煤5层,1号、3号、5号煤层发育较稳定。据岩性及含煤性特征,山西组可分为上、中、下三段,每一段的上部或顶部均有较稳定的煤层或泥质岩类等相当层位。下段含有5号煤层;中段含有3号煤层;上段含有1号煤层。全组地层呈南厚北薄的趋势,含煤性由北向南逐渐变差。该组地层连续沉积于太原组之上,与上覆下石盒子组整合接触,产丰富的植物化石。

1.4　地质和水文地质

1.4.1　地质概况

准格尔煤田位于鄂尔多斯地台向斜东部，地层沉积序列与华北地台石炭纪—二叠纪各煤田基本相似。古生代地层区划属华北地层大区-晋冀鲁豫地层区-鄂尔多斯地层分区-东胜小区；中、新生代地层区划属陕甘宁地层区-鄂尔多斯地层分区。

1.4.1.1　地层

准格尔煤田位于鄂尔多斯地台向斜东部，地层沉积序列基本可与华北地台其他石炭纪—二叠纪煤田相对比。根据华北地层划分表，准格尔煤田位于准格尔—临县小区的东北部。本区地层层序如表 1-1 所示。

表 1-1　准格尔煤田区域地层表

地层单位				厚度(m)	岩性描述
界	系	统	群(组)		
新生界	第四系	全新统	Qh	0～25	冲洪积层和风积层，不整合于一切老地层之上
		更新统	马兰组(Qpm)	0～100	浅黄色粉砂质黄土，具垂直节理，含钙质结核，不整合于一切老地层之上
	新近系	上新统	N_2	0～51	浅红色含砂黏土，含钙质结核，底部为浅灰黄色砾岩夹砂岩透镜体，不整合于一切老地层之上
中生界	白垩系	下统	志丹群(J_3K_1Zh)	0～389.10	上部为棕红色含砾中粗砂岩，夹砂质泥岩，局部夹疏松砾岩；下部为浅红色砾岩，发育大型交错层理。与下伏地层不整合接触
	侏罗系	上统			
	三叠系	下统	和尚沟组(T_1h)	>165	棕红色、砖红色中细砂岩及粉砂岩，夹棕红色砂质泥岩。与下伏地层整合接触
			刘家沟组(T_1l)	257～385	浅灰色、浅灰绿色细砂岩，夹棕红色砂质泥岩，含砾中粗砂岩，交错层理。与下伏地层整合接触

续表 1-1

<table>
<tr><th colspan="4">地层单位</th><th rowspan="2">厚度
(m)</th><th rowspan="2">岩性描述</th></tr>
<tr><th>界</th><th>系</th><th>统</th><th>群(组)</th></tr>
<tr><td rowspan="7">古生界</td><td rowspan="4">二叠系</td><td rowspan="2">上统</td><td>石千峰组
(P_2sh)</td><td>>170</td><td>上部棕红色砂质泥岩,灰绿色砂岩;下部为灰绿色砂岩,夹浅红色泥岩;底部为灰白色含砾粗砂岩。与下伏地层整合接触</td></tr>
<tr><td>上石盒子组
(P_2s)</td><td>>290</td><td>以紫红色砂质泥岩为主,夹灰绿色、灰白色中粗砂岩,含铁质结核。与下伏地层整合接触</td></tr>
<tr><td rowspan="2">下统</td><td>下石盒子组
(P_1x)</td><td>40～120</td><td>黄绿色、黄褐色、紫红色砂质泥岩,夹灰白色、灰绿色砂岩,局部底部夹薄煤线。与下伏地层整合接触</td></tr>
<tr><td>山西组
(P_1s)</td><td>38.45～95.00</td><td>灰白色砂岩、灰黑色砂质泥岩、泥岩及煤层。本组含煤 5 层,局部可采,含丰富植物化石。与下伏地层整合接触</td></tr>
<tr><td rowspan="2">石炭系</td><td>上统</td><td>太原组
(C_3t)</td><td>12.31～95.00</td><td>灰白色砂岩,灰色、灰黑色砂质泥岩,泥岩,煤层,南部夹 1～2 层泥质灰岩。全组含煤 5 层,其中 6 号煤全区可采,较稳定,富含植物和动物化石。与下伏地层整合接触</td></tr>
<tr><td>中统</td><td>本溪组
(C_2b)</td><td>6.59～35.47</td><td>灰白色、灰色、灰黑色砂岩、泥岩、灰岩及含铝泥岩,底部富含黄铁矿结核。与下伏地层平行不整合接触</td></tr>
<tr><td>奥陶系</td><td>中下统</td><td>O_{1+2}</td><td>115～226</td><td>上部为浅灰色泥质灰岩,厚层状灰岩夹薄层状灰岩;下部为白云质灰岩及厚层状白云岩</td></tr>
</table>

1)奥陶系(O)

地层厚 115～226m。上部为浅灰色、棕灰色薄层状泥质灰岩,厚层状灰岩夹薄层结晶灰岩,局部为豹皮灰岩;下部为灰白色、黄褐色中厚层状结晶白云岩及白云质灰岩。广泛出露于准格尔煤田东部沿黄河两岸地区。

2)石炭系(C)

(1)本溪组(C_2b):地层厚 6.59～35.47m。上部为灰白色、灰色、灰黑色砂岩、泥岩夹两层泥灰岩,偶含不稳定的薄煤层;下部为铝土岩或铝土质泥岩;底部为鸡窝状山西式褐铁矿。与下伏奥陶系呈平行不整合接触。零星出露于煤田东部各大沟谷中。

(2)太原组(C_3t):区内主要含煤地层,地层厚 12.31～95.00m。上部由灰白色、灰黄色粗粒砂岩、黏土岩和 6 号煤层组成;中下部由灰白色、灰黄色砂岩,深灰色泥岩及黑色砂质泥岩、泥岩和 8 号、9 号、10 号煤层组成,煤田南部夹 1～2 层薄层灰岩。与下伏本溪组呈整合接触。主要出露于煤田东部各大沟谷中。

3)二叠系(P)

(1)山西组(P_1s):地层厚 38.45～95.00m。由灰白色、灰黄色粗砂岩,灰黑色砂质泥岩、泥岩、黏土岩及 1～5 号煤层组成。砂岩中含石英质砾石及菱铁矿结核。3 号、4 号和 5 号煤层局部可采,由北向南逐渐增厚。与下伏太原组呈整合接触。主要出露于煤田东部各大沟谷中。

(2)下石盒子组(P_1x):地层厚 40～120m。由黄褐色、黄绿色及紫色砂质泥岩、黏土岩和灰白色、黄绿色砂岩组成,下部含煤线。与下伏山西组呈整合接触。主要出露于煤田东部各大沟谷中。

(3)上石盒子组(P_2s):地层厚度大于 290m。岩性以暗紫色、褐紫色砂质泥岩为主,中夹灰绿色、灰白色中粗砂岩。砂岩中含砾石和铁质结核。与下伏下石盒子组呈整合接触。主要出露于煤田中西部沟谷中。

(4)石千峰组(P_2sh):地层厚度大于 170m。上部为棕红色砂质泥岩及灰绿色薄层细粒长石砂岩,偶夹灰绿色粗砂岩;下部为黄绿色和褐黄色砾质砂岩、中砂岩及棕红色砂质泥岩,中夹紫色泥岩和灰白色中砂岩。未发现化石。与下伏上石盒子组呈整合接触。主要出露于煤田西部边缘的大饭铺、海子塔以及煤田南部边缘马栅一带。

4)三叠系(T)

(1)刘家沟组(T_1l):地层厚 257～385m。以浅灰色、浅红色、浅绿色细砂岩为主,夹棕红色粉砂质泥岩及灰黄色砂砾岩、含砾中—粗粒砂岩。砂岩交错层理特别发育。未发现化石。与下伏石千峰组呈平行不整合接触。分布于煤田西南边缘。

(2)和尚沟组(T_1h):地层厚大于 165m。岩性为一套棕红色、紫红色中细砂岩及粉砂岩,中夹棕红色砂质泥岩、泥质粉砂岩。含丰富的动物化石,主要为叶肢介、介形类以及脊椎动物化石。与下伏刘家沟组呈整合接触。分布于煤田西南角马栅乡的东桃树梁等地。

5)侏罗系—白垩系(J—K)

区内主要发育上侏罗统—下白垩统志丹群(J_3K_1Zh)。地层厚 0～389.10m。根据岩性组合特征可划分为上、中、下三个岩段。上部以灰白色厚层状粗砂岩为主,中夹灰绿色、灰紫色泥岩。中部为紫红色中粗砂岩,中夹泥岩、砂质泥岩,局部可见砾岩。下部以浅红色砾岩为主,中夹砂岩透镜体。砾石成分以花岗片麻岩为主,石英岩、泥岩和中酸性火山岩次之,砾径大者可达 1m,小者仅数厘米;偶见 4～20m 厚的黑绿色玄武岩。与下伏古生界呈角度不整合接触。主要分布于煤田北部的小鱼沟、牛连沟、玻璃圪旦以北地区。

6)新近系(N)

区内主要发育上新统(N_2)。地层厚 0～51m。岩性以红色、棕红色的红土层为主,含砂质和钙质结核,结核大者可达 1m。红土层之下常见有厚 2～3m 的半胶结砾岩层。角度不整合于下伏一切老地层之上。全区零量分布和出露。

7)第四系(Q)

(1)更新统马兰组(Qpm):地层厚 0～100m。岩性为风积黄土层。浅黄色、黄色,含钙质结核,柱状节理发育。黄土层之下有灰岩、砂岩成分的砾石层。角度不整合于下伏一切老地层之上。全区广泛分布。

(2)全新统(Qh):地层厚 0～25m。根据成因可分为风积沙、近代冲洪积、残积物等。风积砂主要为细、粉砂,沉积在沟坡可形成新月形流动沙丘;冲洪积层分布在冲沟、河谷之中,由碎石、卵石及泥砂组成;残积层为基岩风化产物,岩性随基岩不同而改变。角度不整合于一切老地层之上。分布比较零星。

1.4.1.2　构造

准格尔煤田大地构造位置属华北地台鄂尔多斯地台向斜的东北缘。按地质力学观点,煤田位于阴山巨型纬向构造带的南缘,属新华夏系第三沉降带,构造格局主要受阴山构造带和新华夏系构造带的影响。

煤田总的构造轮廓为一东部隆起、西部坳陷，走向近南北，向西倾斜的单斜构造。北端地层走向转为北西，倾向南西，南端地层走向转为南西至东西，倾向北西或北。地层倾角一般小于10°，构造形态简单。煤田构造主要产生于地壳升降运动，构造形式以褶曲和正断层为主。煤田发育有轴向呈北北东的短轴背、向斜，如窑沟背斜、东沟向斜、西黄家梁背斜、焦家圪卜向斜、贾巴壕背斜。南部有走向近东西的老赵山梁背斜、双枣子向斜，轴向呈北西西的田家石畔背斜、沙沟背斜、沙沟向斜，走向近南北的罐子沟向斜。煤田内断裂构造不发育，仅见到几条稀疏的张性断层，有龙王沟正断层、哈马尔峁正断层、F3断层、石圪咀正断层、虎石圪旦正断层（图1-2）。

现将研究区主要构造由北到南简述如下。

1）褶皱

（1）窑沟背斜：位于煤田北部，轴向NE23°，北起小鱼沟，经窑沟向南西向延伸至唐公塔井田北部消失，轴长约10km。该背斜西翼倾角6°～8°，东翼3°～5°，中部隆起幅度较大，两端宽缓。

（2）东沟向斜：位于煤田的东北部，轴向NE30°，延伸4km。

（3）西黄家梁背斜：位于煤田中部，北起田家石板经西黄家梁至刘家疙旦，轴向NE30°～50°，向南北倾伏，北西翼陡且窄，倾角一般25°，局部达35°，南东翼宽缓，倾角在10°以内，为西陡东缓的不对称背斜。轴部隆起幅度100～150m，延伸约12km。背斜在张家疙旦一带煤层抬升接近地表。

（4）焦家圪卜向斜、贾巴壕背斜：位于煤田中东部，为北东向的褶皱，构造线基本平行，背、向斜轴部及两翼宽缓，倾角5°左右，隆起幅度不大。

（5）沙沟向斜：位于煤田的南部，轴向为北西向，西南翼宽缓，倾角5°左右，东北翼较陡，倾角30°～40°，为不对称向斜，延伸约9km。

（6）沙沟背斜：位于煤田的南部，与沙沟向斜走向基本一致，北部轴向为北西西向，中部轴向为北北西向，南部轴向为北西向，东北翼宽缓，倾角5°左右，西南翼较陡，倾角达40°，延伸约14km。

（7）罐子沟向斜：位于煤田南部罐子沟西侧，走向南北，两翼地层倾角5°左右，轴部十分宽缓，褶曲幅度北部30～40m，南部60～80m，南北向延伸约8km。

（8）老赵山梁背斜、双枣子向斜：此背、向斜伴生，位于煤田南部老赵山梁—马场咀一带，轴向近东西，由东向西倾伏，背斜轴部出露奥陶系灰岩，向斜轴部为石盒子组，延伸约20km。

（9）田家石畔背斜：位于煤田南部。轴向NW50°，为一西南翼陡、东北翼缓的不对称背斜，延伸约8km。

（10）田家石畔—长滩挠断带：从煤田南端的榆树湾向NW40°～60°延伸，经田家石畔、小井子、贺家梁到伏路焉，在地表可见到岩层倾角从平缓到陡立的急剧变化带，地表倾角70°～80°，挠曲幅度达300m。在伏路焉挠曲发生转折，方向转为北东，经长滩至西坪沟，挠曲幅度逐渐减小，田家石畔—榆树湾电厂一带，挠曲局部发生断裂。此挠曲应为基底断裂所引起的盖层构造，总长40km。

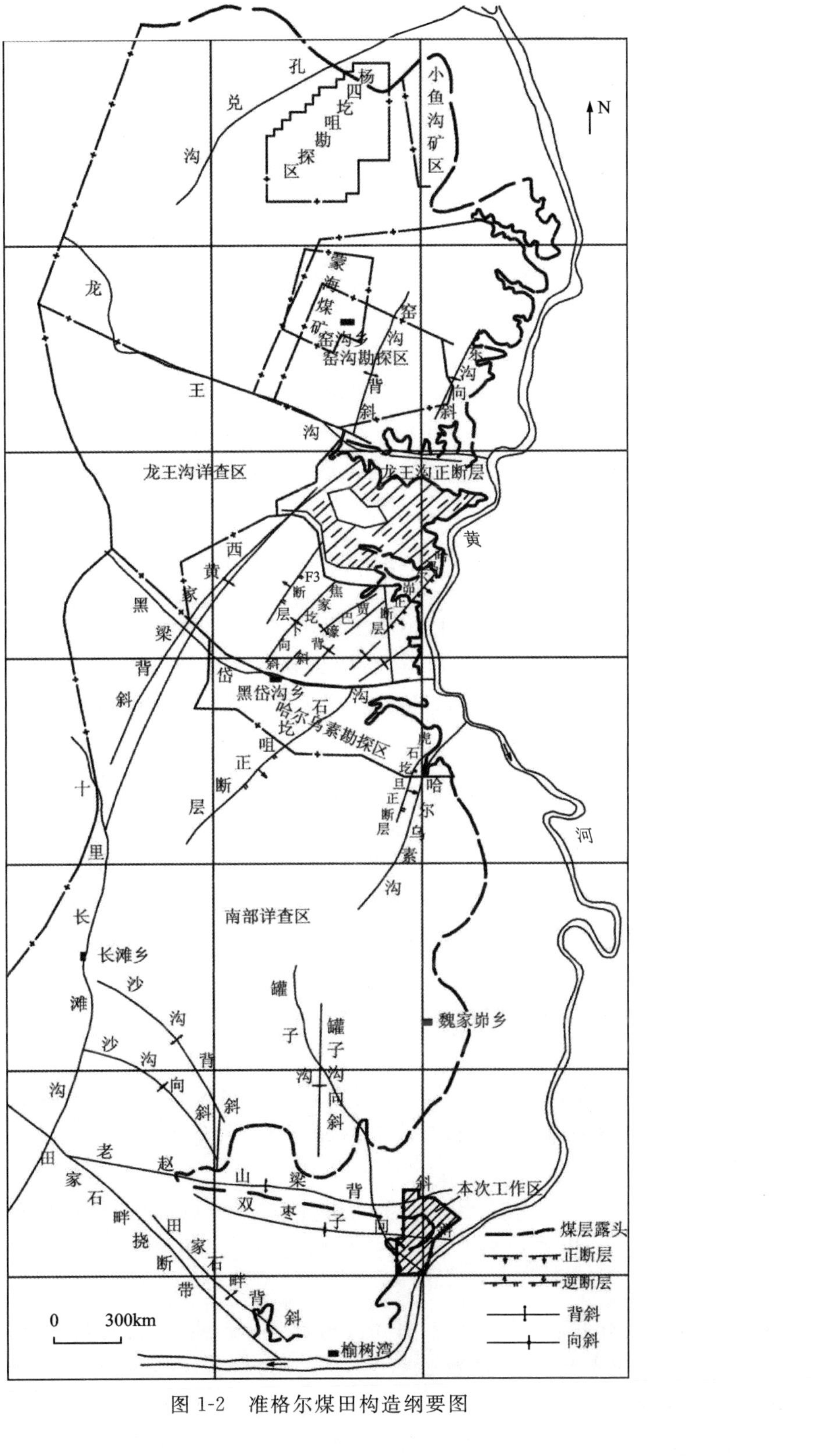

图 1-2　准格尔煤田构造纲要图

2)断层

煤田内断层不多,分布稀疏,皆为正断层。断层特征叙述如下。

(1)龙王沟正断层:位于煤田中北部龙王沟口至陈家沟门一带,走向近东西,倾向南,倾角75°~85°,断距20~40m,延伸约5km。断裂发生在浅部,造成奥陶系灰岩与煤系地层直接接触。

(2)哈马尔峁正断层:位于煤田中部焦稍沟口,走向南西,倾向南东,倾角70°,断距约20m,延伸4~5km。

(3)石圪咀正断层:位于煤田西部黑岱沟的南部边界处,走向NE30°~45°,倾向南东,倾角60°,断距15~50m,延伸约10km。

(4)虎石圪旦正断层:位于煤田中部哈尔乌素沟西侧的虎石圪旦,走向SW25°,到南端接近正南,倾向南东,倾角70°,北部断距60m,南部断距20m,延伸约3km。

3)柱状陷落

柱状陷落构造在煤田北部窑沟和牛连沟区发育,主要有吴家沟陷落柱、帐房塌陷落柱等。陷落深度10~40m,面积不大,多呈椭圆形,直径280~470m。

1.4.1.3 岩浆岩—岩性非构造

地质发展史上鄂尔多斯地区一直相对稳定,岩浆活动微弱。根据以往地质勘查成果记载,燕山期内本区曾发生过基性火山岩喷发,形成灰绿色—黑灰色的细晶—隐晶质玄武岩,厚4~20m,夹在上侏罗统—下白垩统志丹群的下部,仅在准格尔煤田的玻璃圪旦以北地区发育。

1.4.1.4 煤层

1)含煤性

准格尔煤田属华北石炭纪—二叠纪煤田,处于华北聚煤坳陷的北部,成煤古地理环境接近内蒙古陆边缘。晚石炭世沉积环境为海陆交互相三角洲冲积平原,地壳沉降幅度和泥炭沼泽堆积保持长期平衡,泥炭沼泽覆水较深,水动力条件较弱,古气候湿润,成煤环境极佳,故沉积了层位稳定、厚度变化不大的太原组厚煤层。随着时间的推移,早二叠世海退,古气候变干燥,沉积物以陆源补给为主,沉积环境转为陆相山前冲积平原,泥炭沼泽覆水变浅趋于结束,故山西组含煤性较差。

太原组为区内主要含煤地层,其中6号煤层全部可采,$9_上$号、9号煤层大部可采,$9_下$号煤层不可采。本组地层平均总厚度为58.37m,煤层平均总厚度为16.34m,含煤系数为28%,含煤性较好。

山西组包含4号、5号煤层,均为大部可采煤层。本组地层平均总厚度为89.11m,煤层平均总厚度为9.80m,含煤系数为11%,含煤性较差。

2)煤层

准格尔煤田共有可采煤层7层。其中4号、5号、6^{-1}号、6号煤层除剥蚀区和风化区外均可采,煤层厚度变化不大,变异系数24%~34%,属较稳定煤层;$9_上$号、9号、$9_下$号煤层局部可采,煤层厚度变化较大,变异系数41%~75%,属不稳定煤层。

(1)4号煤层:位于山西组中部,煤层层位稳定,由于后期遭受风化,部分地段的煤层层位已被残留铝质泥岩夹矸所代替，有工业价值的煤层主要分布在煤田中部。煤层厚 3.50～8.05m，平均 6.20m。4 号煤层结构较简单—复杂，含夹矸 2～9 层，一般 3～5 层，夹矸累计厚 0.45～2.80m，平均 1.25m。该煤层顶、底板岩性均以泥岩、砂质泥岩和粉砂岩为主。4 号煤层与 5 号煤层间距变化不大且有规律可循，最小间距 10m，最大间距 41.29m，平均 19.98m。一般在两煤层间发育河道砂体时，煤层间距加大，反之则间距变小，这是由成煤后期差异压实所致。

(2)5 号煤层：位于山西组中下部，煤层层位稳定。由于成煤之后遭受风化，部分地段的煤层层位已被残留铝质泥岩夹矸所代替，风化范围与 4 号煤层大致相同，但面积相对窄小一些。煤层总厚 1.20～8.30m，平均 4.93m。5 号煤层结构简单—复杂，稳定程度较好，属于较稳定煤层。含夹矸 1～6 层，一般 1～2 层，夹矸累计厚 0.20～1.80m，平均 0.68m。煤层顶板岩性以泥质岩类为主，个别孔见砂岩顶板（Y4、S7 钻孔），底板以泥岩和砂质泥岩为主。

5 号煤层与 6^{-1} 号煤层间距变化不大且有明显规律可循，最小间距 7.65m，最大间距 31.81m，平均 21.4m。当 6^{-1} 号煤层与 6 号煤层合并时，5 号煤与 6 号煤层间距一般在 20～30m之间；当 6^{-1} 号煤层与 6 号煤层分叉时，5 号与 6^{-1} 号煤层间距一般为 15～20m。

(3)6^{-1} 号煤层：位于太原组顶部，是 6 号煤层的分叉煤层，由于遭受风化作用，在煤田的西南部形成风化无煤区，被残留铝土质泥岩夹矸代替。煤层分布范围主要在煤田中西部。煤层总厚 3.76～11.45m，平均 7.46m。6^{-1} 号煤层结构较简单，不含夹矸或含 1～2 层夹矸，一般含夹矸 1 层，夹矸累计厚 0.30～1.40m，平均 0.68m。煤层顶板以泥质岩类为主，局部为粉砂岩，底板岩性与顶板基本相同，局部为细砂岩。

6^{-1} 号煤层是 6 号煤层的分叉上分层，煤层间距 0～20.52m，平均 9.95m。煤层间距较大地段，一般有河道砂体存在。

(4)6 号煤层：位于太原组上部，煤层层位稳定，由于遭受后期的风化作用，在煤田的西南角其层位被铝质泥岩代替。煤层厚度变化规律是在煤层分叉区显著变薄，合并区明显变厚。在分叉区内，煤层总厚 3.20～9.06m，平均 5.77m。在合并区内，煤层总厚 5.60～19.60m，平均 14.17m。

6 号煤层结构复杂，含夹矸 1～14 层，一般 3～5 层，夹矸累计厚 0.25～4.30m，平均 1.03m。煤层顶板岩性以泥岩、砂质泥岩、粉砂岩为主，底板岩性与顶板岩性基本相同，个别为细砂岩。

6 号煤层与 $9_{上}$ 号煤层间距 7.50～24.30m，平均 13.16m。6 号煤层厚度变化较大是由分叉、合并所致。

(5)$9_{上}$ 号煤层：位于太原组中、下部，煤层层位稳定性较差。煤层总厚 0～2.94m，平均 1.25m；可采区主要分布在煤田西部和中东部。西部可采范围较大，煤层厚 0.80～2.94m，平均 1.71m；中东部可采范围略小，但控制程度高，煤层厚 0.80～2.20m，平均 1.44m。

$9_{上}$ 号煤层结构简单，一般不含夹矸或含 1 层夹矸，夹矸累计厚 0.10～0.55m，平均 0.23m。煤层顶板以泥岩、砂质泥岩为主，局部为粗、中、细砂岩，煤层底板除个别点为细砂岩之外，其余均为泥质岩类。

$9_{上}$ 号煤层与 9 号煤间距较小，最小间距 0.75m，最大间距 7.48m，平均 2.95m。

(6)9 号煤层：位于太原组中、下部，煤层稳定性较差。煤层总厚 0～1.60m，平均 0.90m。

煤田内该煤层有两片可采范围:其中一片分布在煤田东部的 4 勘探线与 10 勘探线之间,22 勘探线以东;另一片分布在煤田西部。前者控制程度较高,后者控制程度较低。东部可采区煤层厚 0.80~1.50m,平均 1.00m;西部可采区煤层厚 0.80~1.60m,平均 1.09m。

9 号煤层结构简单,一般不含夹矸,个别钻孔见一层夹矸,夹矸厚 0.10~0.30m,平均 0.19m。煤层顶、底板均以泥质岩类为主,仅个别钻孔为砂岩。

9 号煤层与 $9_{下}$ 号煤层间距变化不大,最小间距 2.54m,最大间距 6.76m,平均 4.82m。

(7)$9_{下}$ 号煤层:位于太原组下部,煤层稳定程度较差。煤层厚 0~3.20m,平均 1.12m。

$9_{下}$ 号煤层结构简单,一般不含夹矸或偶含 1 层夹矸,夹矸厚 0.15~0.45m,平均0.28m。煤层顶板岩性一般以泥岩、砂质泥岩为主,局部为泥灰岩,底板岩性以泥质岩类为主。

1.4.2 水文地质概况

准格尔旗南部为丘陵,属于剥蚀构造地形;北部为黄河冲积平原,沿黄河东西向展布,呈带状分布,属于堆积地形;中间狭长地带为沙漠,属于风积地形。西部、中部地形高,地面高程 1200~1400m;南、北较低,地面高程 1000~1200m,纳林川下游及黄河沿岸地面高程 900~1000m,马栅乡一带地形最低,地面高程 820m。旗内大部分地区沟谷发育,河网纵横密布,布尔陶亥南部一带为地表分水岭。

准格尔旗属黄河流域,黄河于煤矿东侧自北向南曲折流过。本段黄河属黄河中游的上段,为峡谷式河道,两岸基岩裸露,河谷下切 50~100m,河宽一般在 500m 左右,比降 1/1000。

串草圪旦煤矿上游的万家寨和下游的龙口分别建立了两座水库,将坝址以上的黄河水位抬高了 30~70m,扩大了淹没范围,改变了准格尔旗深部岩溶裂隙水的补径排条件。

区域内最大的沟谷为罐子沟,其他沟谷大部分为其支沟。罐子沟平时干涸无水,或仅有溪流,雨季可形成短暂洪流,汇入房塔沟后流出区外,注入黄河。

1.4.2.1 含水岩组划分及特征

准格尔煤田出露地层主要为:第四系沟谷冲积洪积层、第四系中上更新统—全新统冲积湖积层、上新统、白垩系、侏罗系、三叠系、二叠系、石炭系及奥陶系。沟谷冲积洪积层分布于各大沟谷中,冲积湖积层分布于北部黄河南岸;上新统分布于大路、敖包圪壕、城壕一带。白垩系分布于满忽图、布日嘎斯太以北;奥陶系、石炭系、二叠系、三叠系、侏罗系由东向西依次分布。

依据地下水含水介质及孔隙类型,区内含水岩组可分为松散岩类孔隙含水岩组,碎屑岩类孔隙裂隙含水岩组,寒武系、奥陶系岩溶裂隙含水岩组 3 种基本类型。各含水层的水文地质特征简述如下。

1)松散岩类孔隙含水岩组

(1)沟谷冲积洪积层潜水:沟谷冲积洪积层潜水含水层由砂、砂砾石层、黏质砂土组成,含水层厚 2~16m,水位埋深2~7m。由于沟谷排泄通畅,地下水较贫乏,仅黑岱沟主沟段单井涌水量在 100~500m^3/d 之间,其他沟谷均小于 100m^3/d。水质良好,为 HCO_3-Na・Ca、HCO_3-Ca・Mg、HCO_3-Ca・Na 型水,矿化度小于 1.0g/L。

(2)冲积湖积层潜水与承压水：冲积湖积层潜水含水层由粉细砂组成，含水层厚度在 4～14m 之间，水位埋深在 1～4m 之间。由于含水层薄，水量较为贫乏，西部单井涌水量在 100～500m^3/d 之间，东部单井涌水量小于 100m^3/d。水质良好，为 HCO_3-Ca・Na、HCO_3・SO_4・Cl-Na・Mg 型水，矿化度小于 1.0g/L。

冲积湖积层承压水含水层埋藏较浅，顶板埋深为 30～80m，含水层厚 30～60m。南部水位埋深 1～4m，水量分布规律与潜水含水层一致。西部单井涌水量为 100～500m^3/d，东部小于 100m^3/d，水质良好，为 HCO_3・Cl-Na、HCO_3・SO_4-Ca・Na 型水，矿化度小于 1.0g/L。

2)碎屑岩类孔隙裂隙含水岩组

碎屑岩类孔隙裂隙潜水含水层薄，水量小，多以泉的形式排泄，泉水流量多小于 10m^3/d。碎屑岩类孔隙裂隙承压水含水层由砂岩组成，含水层顶板埋深较大，广太昌、东柴达木一带大于 100m，其他地区为 30～100m。含水层厚度在 30～100m 之间，南部水位埋藏深度变化较大，北部格条布拉格、大路、东柴达木—广太昌一带水位大部分自流，东柴达木一带水头最高时高出地表 51.40m。

承压水水量一般较贫乏，单井涌水量小于 100m^3/d，仅大路一带单井涌水量为 100～1000m^3/d，最大为 1400m^3/d(大沟)。承压水接受上层潜水补给，大路一带水位最高，地下水分别向四周流动，通过潜水径流排泄；北部广太昌、东柴达木一带水质较差，为 Cl-Na 型水，矿化度 1～3g/L；南部为 HCO_3-Na、HCO_3-Na・Ca、HCO_3・Cl-Na 型水，矿化度小于 1.0g/L。

碎屑岩类孔隙裂隙水由石炭系、二叠系、侏罗系砂岩组成，含潜水与承压水。含水层厚度小，水量贫乏，多以泉水形式出露。泉水流量多小于 0.1L/s，少部分地区大于 0.1L/s。孔隙裂隙承压水顶板埋深较小，一般为 5～50m，仅在西营子一带大于 100m。含水层厚度小，一般为 10～30m，仅河西、沙圪堵、纳林、敖斯润陶亥一带大于 100m。由于补给条件差，含水层厚度小，透水性差，水量贫乏。除暖水、奥斯润陶亥一带单井涌水量在 10～100m^3/d 之间外，其他地区均小于 10m^3/d。

潜水水质较差，为 HCO_3-Ca、HCO_3-Ca・Na、HCO_3-Ca・Mg、SO_4-Ca 型水。水中硫酸根离子及钙离子含量很高，碘含量低，因而为地方性甲状腺病发病区，尤其是侏罗系分布区，如乌兰哈达、准格尔召，是此种病的重病区。承压水水质较好，为 HCO_3・Cl-Na 型水，矿化度小于 1.0g/L。

3)寒武系、奥陶系岩溶裂隙含水岩组

寒武系、奥陶系岩溶裂隙含水岩组分布于黄河西岸，由寒武系、奥陶系灰岩地层组成。准格尔旗岩溶水是天桥泉域岩溶水系统的组成部分，它位于天桥泉域的西北部，是相对独立的一个子系统。

准格尔旗岩溶水北部边界是寒武系碳酸盐岩尖灭处；东部以黄河为界，为黄河渗漏与黄河以东岩溶水的侧向径流补给边界；西部为奥陶纪灰岩顶面埋深 800m 的滞水边界；南部为榆树湾泉群和侧向径流排泄边界。东西宽约 24km，南北长约 65km，面积 1570km^2。

区域内主要含水层是中上寒武统和中下奥陶统的灰岩、白云岩，一般厚度为 550～600m。区内岩溶裂隙呈似层状、网络状发育。各含水亚层之间水力联系密切，水位动态反映同步，能形成统一的流场，具有统一的地下水面，是一个有差异又统一的含水综合体。

岩溶裂隙发育程度控制着富水性的差异。岩溶的主要形态为溶蚀裂隙和少量溶洞，以垂直层面与沿层面发育的两组岩溶裂隙为主。由于岩溶裂隙发育程度不一,形成岩溶水富水不均一,单井涌水量最小可小于 $10m^3/d$,最大可达 29 000m^3/d。水质良好,矿化度小于 1.0g/L。

1.4.2.2 含(隔)水岩组特征

区域含(隔)水岩组地层按沉积顺序由新至老分别叙述如下。

(1)第四系全新统风积砂(Qh^{eol}):主要分布于煤田北部、西北部,煤田内各大冲沟背风岸零星分布。该层透水不含水。

(2)第四系冲洪积层(Qh^{al+pl}):分布于黄河岸边及煤田各大冲沟中,厚 0.5～25m。黄河沿岸一带岩性颗粒较细,为粉砂一细、中砂和砂土,部分夹薄层砂砾石及粗砂层,含水较丰富;煤田各冲沟中第四系沉积物颗粒较粗,为黏砂土、细砂、砂砾石、砂卵石。受地形地貌控制,沉积连续性差,厚度薄,主要以接受大气降水为补给,富水性差。经前房子、薛家湾一带所布钻孔抽水试验结果显示,地下水水位埋深 0.77～1.11m,单位涌水量 0.067～0.286L/(s·m)。

(3)第四系更新统马兰组(Qpm)黄土层:广泛分布于全区,厚度一般为 0～120m,孔隙及柱状节理发育,透水性差。

(4)新近系上新统黏土岩(N_2):零星分布,主要由砂质泥岩组成,构成了白垩系含水层的隔水顶板。偶夹薄层状透镜体粉砂岩及细粗砂岩,水位埋深 10～20m,单井涌水量 4.3～42m^3/d,水质良好,矿化度小于 1.0g/L。

(5)上侏罗统—下白垩统志丹群(J_3K_1Zh):出露于煤田北部及以北地区,在白大路—米家窑子以南逐渐尖灭。岩性主要为含砾中细砂岩、粉细砂岩、粉砂质泥岩,构成 2～3 个不完整韵律层。砂岩呈层状构造,泥质胶结,以充填式胶结为主,胶结程度良好,固结密实,透水性差。砂岩中含砾石,富水性差,乌 19 孔、乌 20 孔揭露了该含水层,单位涌水量 0.000 035 2～0.000 085L/(s·m)。水位埋深 10.41～38.20m,水位标高 1 171.50～1 184.18m,水质良好,矿化度 0.23～0.81g/L,为 $HCO_3 \cdot Cl\text{-}Na$ 型水。

(6)下三叠统刘家沟组(T_1l):分布于煤田西部,岩性为紫红色、黄绿色、灰绿色、深红色砂岩。胶结疏松,厚度大于 170m,地表出露泉流量 0.04～0.4L/s。

(7)上二叠统上石盒子组(P_2s):主要分布于煤田西部及西南部,厚约 290m。岩性以紫红色、灰绿色泥岩为主,夹黄绿色中粗砂岩,含砾石。孔隙、裂隙发育。地表上较多下降泉出露,流量 0.02～1.00L/s,水化学类型 $HCO_3\text{-}Ca \cdot Mg$,矿化度 0.2g/L。

(8)下二叠统下石盒子组(P_1x):全煤田分布,主要出露于煤田中东部,厚 30～120m。岩性为一层黄色、紫红色砂质泥岩,泥岩及砂岩。砂岩的孔隙、裂隙较发育,泥岩、砂质泥岩具良好的隔水性。该层底部常见有较多泉水出露,流量 0.01～0.6L/s,水化学类型 $HCO_3\text{-}Ca \cdot Mg$,矿化度 0.2g/L。ZKX20-16 孔静止水位标高 879.96m,单位涌水量 0.042 4L/(s·m),渗透系数 0.079m/d。

(9)下二叠统山西组(P_1s):全煤田分布,主要出露于煤田中东部,厚 21～98m。岩性为灰白色粗砂岩、浅灰色及灰黑色砂质泥岩、泥岩及煤。含孔隙裂隙潜水-承压水。地表出露泉水流量为 0.01～0.4L/s,最大流量为 1.5L/s。ZKX31-18 孔静止水位标高 877.74m,单位涌水量 0.000 613L/(s·m),渗透系数 0.005 28m/d。

(10)上石炭统太原组上段(C_3t^2):全煤田分布,出露于煤田中部、东部、南部较大沟谷下游,厚 12~115m。岩性为灰白色、黄褐色中粗砂岩,灰黑色、灰色砂质泥岩,泥岩及 6 号、9 号煤等。煤层顶、底板直接充水于含水层粗砂岩中,含裂隙承压水。水位标高 860~900m,单位涌水量一般小于 0.01L/(s·m),富水性极差。

(11)上石炭统太原组下段(C_3t^1):全煤田分布,厚 5~42m,出露于煤田东部、南部较大沟谷的下游。岩性为灰白色、灰色、灰黑色砂岩,泥岩,泥灰岩,黏土质泥岩。该层隔水性良好,平行不整合于奥陶系之上。

(12)寒武系—奥陶系碳酸盐岩(O—∈):从岩溶地下水系统的角度看,准格尔煤田基底寒武系—奥陶系碳酸盐岩含水系统属于天桥岩溶水文地质单元,其岩溶地下水是天桥岩溶地下水系统的组成部分。

天桥岩溶水水文地质单元地处蒙、晋、陕接壤地带,包括准格尔、保德等11个旗(县)范围,南北长约 200km,东西宽约 70km,面积约 $1.4\times10^4 km^2$,是一个完整、独立、封闭、全排型的水文地质单元。

1.4.2.3　地下水的补径排条件

1)松散岩类孔隙水

(1)沟谷冲积洪积层潜水主要接受大气降水入渗补给,其次也接受沟谷两侧基岩及其上覆风积沙层、残坡积层潜水的侧向补给,从上游向下游径流,以蒸发、人工开采和向下游流出的形式排泄。

(2)冲积湖积层潜水接受降水补给,通过蒸发及地下径流排泄。承压水在南部接受上层潜水及山前地下径流补给,通过地下径流排泄,承压水位高于潜水位地区承压水向潜水含水层排泄。地下水由南向北运动。

2)碎屑岩类孔隙裂隙潜水

孔隙潜水主要接受大气降水入渗补给,顺地势高低径流,以蒸发和沟谷中下降泉的形式排泄。承压水接受沟谷潜水及上游地下水径流补给,顺地势高低与地层倾向径流,以地下径流方式排泄。当沟谷切割了含水层,则以下降泉的形式排泄。

3)层状基岩裂隙潜水

层状基岩裂隙潜水主要接受大气降水入渗补给,顺地势高低径流,从分水岭、丘陵山坡向沟谷汇聚,以蒸发和下降泉的形式排泄。层状基岩裂隙承压水在零星出露的基岩露头或黄土或风积沙覆盖的隐伏露头接受大气降水入渗补给,地下水径流受总体构造轮廓的控制,由东向西顺地层倾向运动。排泄方式有沟谷切割含水层形成的下降泉、矿井疏干和向下游径流等。

4)基岩裂隙岩溶水

准格尔旗基岩裂隙岩溶水的补给一是黄河以东吕梁山西坡老牛湾岩溶水子系统的侧向补给,二是黄河水的渗透补给。黄河干流上万家寨和龙口水库的建设,提高了黄河水对岸边基岩裂隙岩溶水的补给。在边界条件、补给来源、地层产状等因素的制约下,准格尔旗基岩裂隙岩溶水在自身中部形成了一个从北向南的强径流区。

强径流区北起窑沟、陈家沟门,途径黑岱沟、魏家峁,南至榆树湾,南北长约 50km。西起官地塔、大饭铺，东至大石拉塔、虎食圪旦、青杨树咀，东西宽 3～6km，为一南北向延伸的条带状区域。该条带为准格尔旗基岩裂隙岩溶区的强富水区，钻孔单位涌水量大于 5L/(s・m)，水位标高 861.47～869.91m，钻孔揭示岩溶裂隙度 0.39～32.19%，水质一般为 HCO_3-Ca・Mg 型水，矿化度 0.4～0.6g/L。地下水径流畅通，水交替循环作用强烈。

天然状态下准格尔旗东部岩溶水于榆树湾正断裂(F10)以东的榆树湾至沙堨一带，以地下径流和泉群形式排泄于黄河，同时仍有部分水继续向南径流排泄于天桥泉群。近年来，相关部门建设了陈家沟门、唐公塔、大饭铺、窑沟、魏家峁等中小型水源地，开采量达 $10\times10^4 m^3/d$，人工开采也是准格尔旗基岩裂隙岩溶水的排泄方式之一。

1.5 开发情况

20 世纪 80 年代，基于国内经济建设的持续、稳定发展，国务院决定加速开发准格尔煤田，批准准格尔煤田建设项目为国家重点能源建设项目，即集煤、电、路为一体的综合建设项目。伴随准格尔煤田的建设与发展，地方旗县、乡镇及铁路沿线地区的经济迅速发展。大量外来移民群体以从事工业、商业、服务业等生产方式驻留在准格尔旗地区，进一步刺激了地方经济的发展，扩大了地方商业、服务业的发展规模，促进了区域产业结构的日趋平衡，解决了部分民众的就业问题，推动了地方城镇化进程。可以说，移民群体的“在地化”不仅是推动准格尔旗发展的重要力量，也是与地方群众交流的过程中不断融入地方社会生活的历史过程。准格尔旗充分发挥其资源优势，将煤炭资源转化为经济优势，推动了地区的经济发展与城镇化进程，对促进其他西北部少数民族地区的经济发展有借鉴意义。

2013 年，《国务院关于印发全国资源型城市可持续发展规划(2013—2020 年)的通知》提出“资源型城市作为我国重要的能源资源战略基地，是国内经济建设的重要支撑，促进资源型城市实现产业转型与可持续发展，不仅对全面实现小康社会的奋斗目标有重要意义，也是促进区域内新型城镇化建设，建设生态文明的重要任务”。

准格尔煤田的建设不仅为国家能源工业战略的西移提供了充足的能源供应，而且在现代公司管理体系下的准格尔煤田产业积极转变生产经营模式，实现了“以煤炭产业为主，多种产业并举”的产业转型，对促进薛家湾城镇化建设也有重要意义(图 1-3)。

图 1-3 准格尔旗薛家湾镇风貌

2020 年准格尔旗地区生产总值 751.91 亿元，位于全国百强县的第 42 名，产销原煤 26 248×10^4t，煤炭产业链占据国民生产总值主要地位。近年来，准格尔煤田东部区域大量的煤层逐渐被风氧化，已经开始影响准格尔旗的煤炭产量。

1.6 东部煤田风氧化带情况

准格尔煤田煤层整体呈东部隆起、西部坳陷的大趋势。东部靠近黄河，导致煤层埋深变浅，部分区域煤层出露，这也造就了东部煤田部分区域煤层出现风化和氧化的情况。准格尔煤田东部区域风化煤分布具一定的规律性，区内风氧化煤主要集中在煤层露头或隐伏煤层露头附近，并且离露头线越近，风氧化程度越严重，各矿以往以煤层露头线内推 60m 宽确定为煤层风氧化带；另外区内煤层在向斜轴部或断层破碎带两侧，煤层风氧化现象也较严重，分布范围主要与构造展布方向基本一致；在沟谷较发育地区、盖层较薄区域和煤层顶板裂隙较发育区域，煤层风氧化现象也广泛存在，表现为煤层局部风氧化。

煤层风化后，一般呈黑色，粉末状，染手，手捻后为黑褐色、无光泽、无结构、密度低；氧化煤一般在风化煤下部，为过渡层段，与风化煤和正常煤无明显界线，从煤芯观察多呈碎块状或短柱状，能保持煤层结构，但硬度变小，光泽减弱。煤层风氧化后化验指标与正常煤有明显变化，一般水分、氧元素、腐殖酸增高，发热量、燃点降低，另外含油率、硫分、碳元素含量均有明显下降。图 1-4 为准格尔旗煤田实际回采揭露风氧化煤的样品，从图中可以看出这种煤样与正常煤区别较大。

图 1-4 准格尔旗煤田实际揭露风氧化煤样品

第2章　煤层风氧化的基本概念

煤层的风氧化是煤层形成后发生在表生带的一种地质作用。构造运动使煤层出露地表或埋藏于地表浅处。在大气、水和生物等各种地质营力的长期综合作用下，煤的物理性质、化学性质及工艺性质发生一系列破坏性变化，其强度由地表向下逐渐减弱，直至停止。煤风氧化作用是一个长期、缓慢和逐步加深的复杂过程。

风氧化煤内部受到风氧化的作用程度要弱于表面，随着深度的增加，风氧化煤的性质会逐渐稳定，从而接近于正常煤的性质。

2.1　风氧化类型

根据风氧化性质的不同，煤风氧化作用分为物理风氧化、化学风氧化和生物风氧化3种主要类型。

(1)物理风氧化：由于大气温度的变化以及煤中孔隙、裂隙水的反复冻结与融化，煤发生颜色变浅，硬度及强度变弱，裂隙增多、增大，结构变松，甚至完全破碎成粉末等物理性质变化和机械破坏。其影响深度有限。

(2)化学风氧化：由于受大气和水中各种化学物质的影响，煤的化学组成及工艺性质发生变化和破坏。其影响深度较大。

(3)生物风氧化：由于受生物活动的影响，煤的物理性质和化学性质发生变化和破坏。

2.2　风氧化过程

煤风氧化过程分为吸氧、次生腐殖酸生成和有机物氧化分解3个阶段。

(1)吸氧阶段：煤中有机质大分子结构单元侧链上的活性基团，吸附大气中的氧，在煤的表面形成煤氧络合物，使煤的质量增大、吸湿性增强。

(2)次生腐殖酸生成阶段：煤氧络合物分解，放出二氧化碳、一氧化碳、水和热量。同时，由稠环和侧链组成的煤分子氧化生成腐殖酸。随着风氧化程度的加深，次生腐殖酸的含量不断增加。煤的结构变得疏松，增大了与大气、水等的反应面，为加快风氧化速度和加大风氧化深度提供了条件。

(3)有机物氧化分解阶段:随着次生腐殖酸的进一步氧化分解,煤中有机物含量明显降低,直至全部消失,仅剩下煤中矿物风氧化后的残留物。有机质氧化生成的腐殖酸、二氧化碳等酸性物质,可使煤中矿物水解,生成硅酸、铝硅酸、磷酸等,与金属离子形成有机盐类络合物,当钙离子丰富时,则可生成方解石。煤中的黄铁矿、白铁矿氧化成硫酸和硫酸铁,且与周围的钙、铝矿物作用,形成石膏、明矾等新矿物。在大量有机质分解而造成的还原环境下,硫酸铁可再次被还原,生成次生黄铁矿。因此,在煤层露头及其附近常见有含铁明矾的白色粉末(称煤垩)与受氢氧化铁污染的次生腐殖酸褐色粉末(称煤华)分布。

2.3 风氧化程度

根据受风氧化作用影响的不同程度,将煤的风氧化带分为风化带和氧化带。

风化带指煤层露头附近由于风氧化作用使煤的物理、化学性质发生显著变化的地带。煤中有机质分解逸散或被水流溶解带走,致使风化带煤层厚度显著变薄,在地表露头处甚至尖灭成煤线。

风化带是煤的物理和化学工艺性质都发生变化的地带,可根据煤的宏观特征,如颜色、光泽、结构、构造、硬度等物理性质或煤层厚度变薄等特征来确定。风化带的煤称风化煤,其特点是颜色变浅,硬度及力学强度变弱,结构松散,甚至完全变成粉末状;挥发分、水分和氧含量增高,碳、氢含量和黏结性、焦油产率、发热量降低,失去燃烧价值,地质勘探时不计算其储量。当风化煤中次生腐殖酸含量超过 20%时,应适当取样并估算其腐殖酸储量。风化煤的氧原子饱和,不易自燃,反而可以作为防火预留煤柱。

氧化带在风化带之下较深处,以化学破坏作用为主,在此带内煤的化学工艺性质有所改变,而物理特征无改变或表现不明显。亦有人将此地带划为次风化带,而将风化带与次风化带全部称为氧化带。氧化带的深度,往往通过沿煤层倾向由浅而深系统地采取煤样(包括钻孔煤芯煤样和煤层煤样),经测试而确定(图 2-1)。氧化带的煤称氧化煤,可作动力煤用,但因其化学工艺性质已发生变化,黏结性降低或丧失,故而不能炼焦。煤层的氧化深度主要受煤层产状、地质、地貌条件、水文地质条件,以及自然地理条件的制约,并与老窑开采破坏的程度有关。氧化煤具有强吸氧性,属于易燃煤层。氧化煤在氧化过程中放出的热量若无法排出将会导致煤层自燃。

图 2-1 风氧化煤与正常煤岩样对比图

2.4 风氧化煤表现特征

煤层经受风氧化作用后，与正常煤会产生不一样的特征，主要表现在物质特征、结构特征、元素属性特征、可燃性特征4个方面。

(1)物质特征：风化煤和氧化煤的水分含量明显高于正常煤。煤层经过氧化之后，随水分的增加其表面疏水性降低，亲水性增加，表面吸附水量增多，与褐煤水分普遍较高的现实状况具有一定的类似性。风氧化煤表面由于基团遭到破坏，碳、氧原子含量变少，在不同埋藏深度的条件下，其内部的原子含量也不同。不同程度的风氧化煤在内部和外部结构上都有不同的变化，导致氧原子含量过低，随风氧化程度由弱变强外观颜色呈现暗黑色到褐色变化。风氧化煤内部的碳原子含量高于表面碳原子含量，且内部氧原子含量低于表面氧原子含量；风氧化煤内部受到风氧化的作用程度要弱于表面；随着深度的增加，风氧化煤的性质会逐渐稳定，从而接近于正常煤的性质。

(2)结构特征：风化煤为土状光泽，棕褐色，具微塑性、吸附性及滑感，手感松软，质均一，遇水成黏泥状，无可燃性，最严重的已风化成黏土，俗称“煤成黏土”。氧化煤的特征为黑褐色，光泽暗淡或具微弱光泽，粉末—碎块状，疏松，具钙质薄膜，节理可见铁锈色，外生裂隙发育。正常煤颜色多为黑色、褐黑色，条痕为褐黑色，弱玻璃光泽或沥青光泽，条带状、均一状结构，块状构造。风化煤和氧化煤在地质特征的区别在于颜色，氧化煤已经失去沥青光泽，颜色暗淡，而风化煤颜色由黑色变为褐色，泥质含量增多，并且密度变大，严重时已成为黏土，密度比真正的黏土低，黏土和煤成黏土测井曲线上最大的区别是密度曲线，煤成黏土的密度为1.6～2.0g/cm^3，而黏土的密度为1.9～2.2g/cm^3。

(3)元素属性特征：风化煤的氧原子饱和，氧化煤具有强吸氧性。煤层干燥无灰基碳含量70.60%～82.44%，氢含量4.93%～5.32%，氮含量1.39%～1.69%，氧＋硫含量10.68%～13.86%；氧化煤层干燥无灰基碳含量80.13%～82.58%，氢含量4.66%～5.39%，氮含量1.20%～8.32%，氧＋硫含量6.30%～13.69%。

正常煤层干燥无灰基碳含量79.20%～82.36%，氢含量5.07%～5.72%，氮含量1.21%～1.67%，氧＋硫含量11.07%～14.10%。次要煤层干燥无灰基碳平均含量79.95%～81.79%，氢含量4.85%～5.28%，氮含量1.17%～1.19%，氧＋硫含量11.41%～13.69%。

风化煤层干燥基碳含量60.71%～70.89%，氢含量3.62%～4.70%，氮含量0.95%～1.44%，氧＋硫含量9.23%～12.63%；氧化煤层干燥基碳含量65.09%～71.90%，氢含量4.22%～5.05%，氮含量0.94%～1.23%，氧＋硫含量6.30%～13.69%。

由上可见，得出干燥无灰基碳、氧＋硫含量风化煤最低，氧化煤次之，正常煤最高；氢含量反之。

风氧化煤的有机质绝大多数被破坏，灰分剧增，挥发分及固定碳含量降低，氢、氧含量明显增高，发热量下降，视密度增加，无黏结性，灰成分中的氧化铝含量高，Fe_2O_3和SO_3降低，腐殖酸含量在 20%以下；氧化煤的水分及灰分增高，普遍小于风化煤，碳含量下降，腐殖酸含量一般小于 10%，黏结指数从弱到无，焦油产率明显下降，高位干基发热量 16～19MJ/kg，远小于正常煤。

(4)可燃性特征：在煤层自燃方面，风氧化煤特征研究有着重要的研究意义。煤层风氧化后具吸水性，其微量元素也发生了变化。煤自燃宏观特性参数主要有煤自燃点、耗氧速率、煤自燃气体生成速率和放热强度 4 类。氧化煤耗氧速率增加，煤自燃气体生成速率表征增强，放热强度表征为煤放热增强，因此氧化煤有高自燃性。

煤层自燃是一个氧化的过程，而自燃又会引起周围矿区的氧化反应，导致煤层氧化，致使恶性循环。风化煤不易自燃，反而可以作为防火预留煤柱；而氧化煤属于易燃煤层，在氧化过程中放热，若热量无法排出将导致煤层自燃。

第3章 风氧化煤地球物理勘探方法与技术

采用地球物理方法探查风氧化煤，需要分析风氧化煤的地球物理特征，区分风氧化煤和正常煤层的地球物理性质的差异。

3.1 地球物理特征

煤是一种导体或半导体，其电阻率受煤化程度、煤岩成分、矿物质的数量和组成、水分、孔隙度和煤的结构等影响。煤的电阻率随煤化程度的加深而减小，碳含量达到87%以后，电阻率急剧减小。褐煤的电阻率较低，随着煤化程度的加深电阻率增加，到长焰煤时达到最大，此后煤化程度加深，煤的电阻率呈缓慢下降趋势，碳含量达到90%以上的无烟煤，电阻率急速下降。准格尔煤田东部目前主采6号煤层，煤类以长焰煤为主，电阻率值介于500～2000Ω·m之间。

根据测井曲线(图3-1)，煤层发生风氧化后，表现为低阻电性特征，其电阻率随着风氧化程度的加深而减小，风化煤最低，氧化煤次之。同时，煤层风氧化区域顶板岩层极可能已出现裂隙或者产生风化，导致该区域极易充水，电阻率降低。

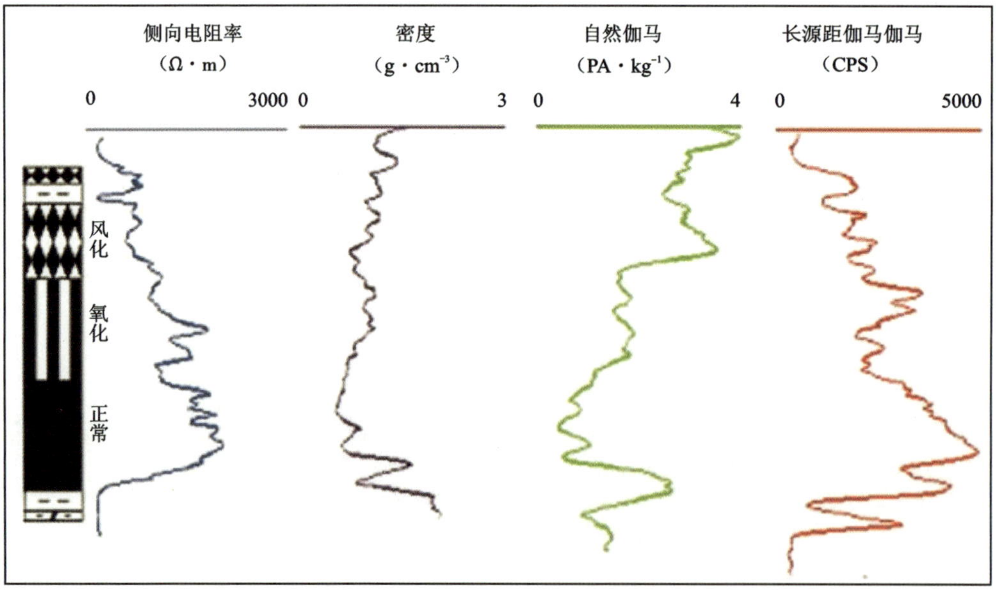

图3-1 风化煤、氧化煤、正常煤地球物理测井特征对比

煤层风化后泥质含量增多，风氧化煤在自然伽马曲线上幅值均比正常煤幅值高，随风化程度的加深幅值变高、氧化次之（次高），正常煤层幅值偏低。氧化煤是在风化煤和正常煤之间渐变过程中形成的，其特点为：上界常与风化煤接触，较易区分；而下界常与正常煤接触。由于其氧化程度是自上而下由大变小，氧化煤在测井曲线上表现为自然伽马高于正常煤，长源距伽马伽马曲线则相反。

煤层经风氧化之后颜色、光泽、结构、构造、硬度、节理、裂隙发育程度等物理性质均发生明显变化。煤层节理和裂隙明显增多，硬度降低，煤层完整性变差呈破碎、泥砂状的散体结构。在密度测井上表现为低密度特征，随着风氧化程度的加深，密度越小。经总结发现，煤层风氧化带在地震时间剖面上主要表现为反射波同相轴振幅降低、频率突变跳跃、连续性变差，且位置靠近新生界底界（图 3-2）。

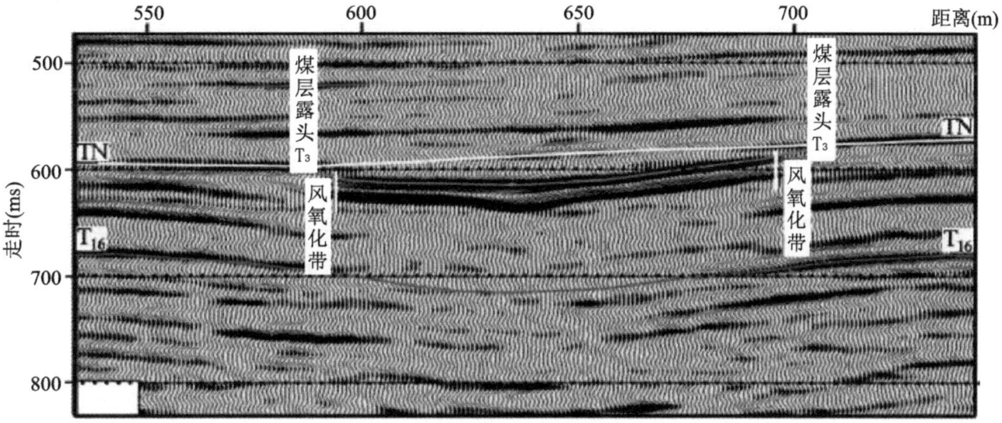

TN 为新生界底界；T_3 为 3 煤层底板；T_{16} 为 16 号煤层底板

图 3-2　煤层风氧化带在地震时间剖面上的显示

综上所述，风氧化煤相比正常煤层的电阻率发生变化较大，同时极化率也会发生较大变化，横向上波阻抗特征存在明显差异，因此可以采用瞬变电磁法、激发极化法、矿井无线电波透视、三维地震勘探等方法探查风氧化带的赋存规律。下面对地球物理勘探方法的原理进行介绍。

3.2　瞬变电磁法

瞬变电磁法（Transient Electromagnetic Methods，TEM）是众多电磁法勘探中的一种。此方法的基本工作原理：利用一次电流脉冲激励大回线圈，在空间内建立电磁场，在电磁场建立稳定后关断电源，然后就会在导电地层中感应出涡流；感应涡流在地下媒质中的传播服从扩散方程，会逐步地向地层深部扩散，并且分布范围也逐步扩大，同时会在地层中感应出二次场，该二次场会随时间的延长逐渐衰减（图 3-3）。在实际操作中，此方法主要测量二次电场和磁场随时间的衰减。

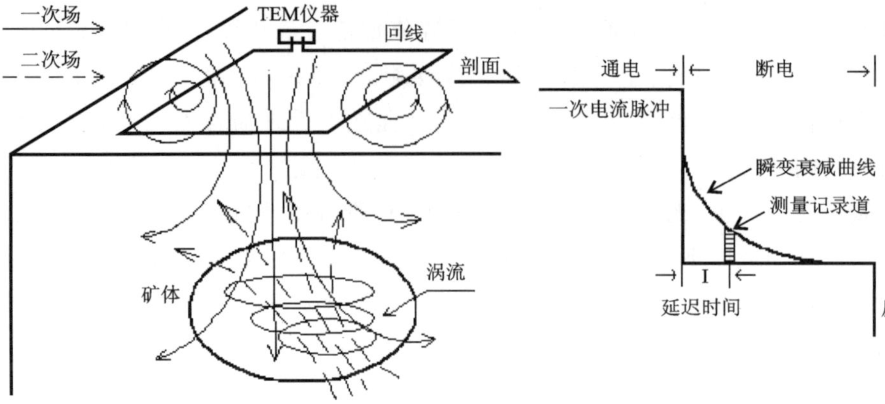

图 3-3　瞬变电磁法勘探原理示意图

3.2.1　常用装置

瞬变电磁法常用装置分为剖面测量、测深测量、钻井中观测和航空测量 4 个种类。下面对煤矿风氧化煤探测中常用剖面测量和测深测量装置进行介绍。

(1)剖面测量装置:包括同点装置[图 3-4(a)]、偶极装置[图 3-4(b)]和大定源回线装置[图 3-4(c)]。同点装置是发射回线 T_x和接收回线 R_x的中心点重合,包括中心回线和重叠回线装置,中心回线装置是接收线框采用小线圈,如图 3-4(a)所示;偶极装置为发射线圈 T_x和接受线圈 R_x分离,均采用小线框,如图 3-4(b)所示;大定源回线装置是发射线框采用数百米长的回线,接收线框采用小线圈沿着垂直于发射线框长边的各个测点依次进行观测,如图 3-4(c)所示。

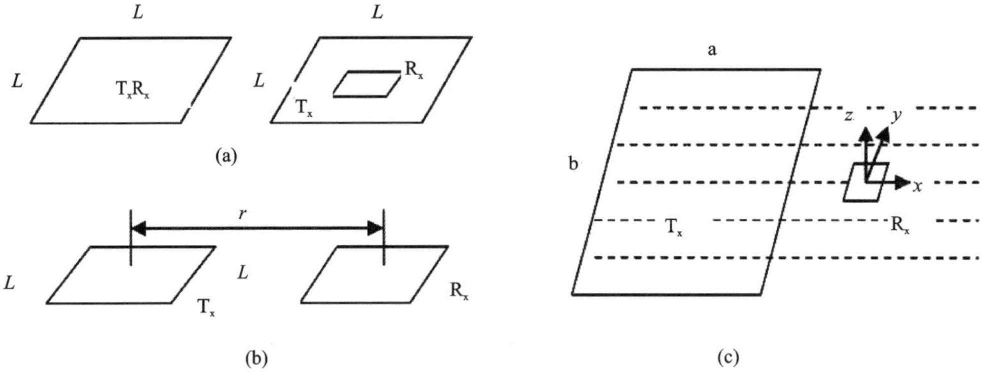

(a)同点装置　(b)偶极装置　(c)大定源回线装置

图 3-4　剖面测量装置

(2)测深测量装置:包括电偶极源装置、线源装置、磁偶极源装置和中心回线装置。线源装置和电偶极源装置常被用于深部构造,探测深度超过 1000m 的测量工作,如图 3-5(a)、3-5(b)所示。磁偶极源装置探测深度为几十米至几百米,如图 3-5(c)所示。中心回线装置通常用于探测深度 1000m 以内的测量工作,其接收回线 R_x采用多匝数线圈并水平放置,如图 3-5(d)所示。

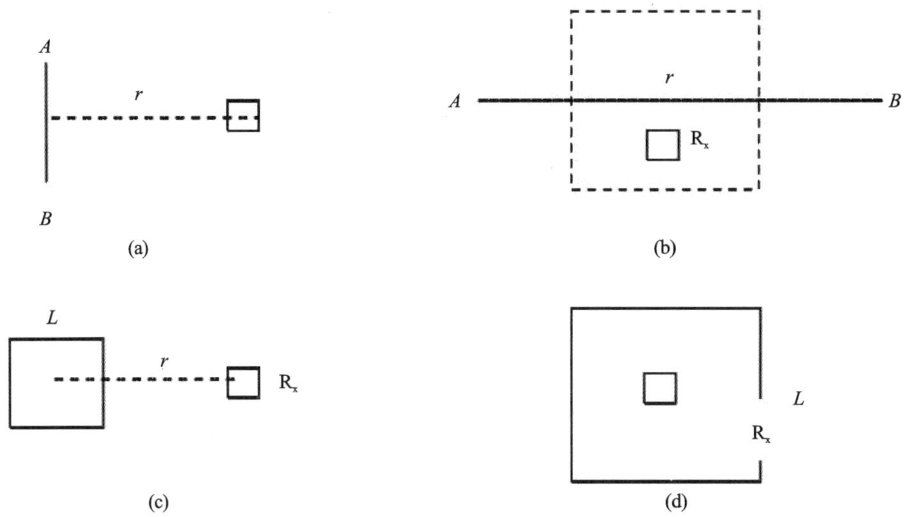

图 3-5　测深测量装置

(a)电偶极源装置　(b)线源装置　(c)磁偶极源装置　(d)中心回线装置

3.2.2　工作方法

(1)测量装置的选择:根据勘探目的、地质环境、施工条件、电磁噪声干扰、目标地质体的特性和各种装置的特点等因素选择测量装置。当探测对象的深度在数百米以内,对分辨率要求比较高,围岩具有较好的导电性(产生集流效应比较容易)时,首选装置是同点装置。当探测深度较大,或者测区的地形复杂且存在障碍物导致铺设动源回线艰难时,首选大定源装置。

(2)回线边长的选择:瞬变电磁数据采集装置信号强度的增强以及信号持续时间的延长可以通过增大发射回线和接收回线边长来实现,同时还能增大探测深度。但是发射回线和接收回线边长的增大会导致野外工作难度提升,测量结果受影响的范围也在扩大,使横向分辨率达不到勘探要求。除此之外,接收回线的边长增大,同时增大了有效信号和干扰信号的强度。因而综合上述原因,在预探深度能够保证的前提下,无论是发射回线还是接收回线都应该选择尽可能小的回线边长。

(3)回线的布置:在采用瞬变电磁法进行野外探测的时候,供电回线应满足电阻小(每千米小于 6Ω)及绝缘性好的条件,以保证输出电流大。电线布设符合点位布设,当线架上有残余导线剩余时,电线应该呈“Z”形铺在地面上,这样能有效避免由于电线的缠绕而产生的强烈感应信号。在回线的布设时应当避免距离金属物体过近,否则会产生严重信号干扰甚至造成测量电路瘫痪。

(4)观测时间范围和叠加次数的选择:实际工作中在尽量宽的时间范围内记录到有用信号是最理想的状态,但是测量回路本身的过渡过程使得观测最小延迟时间不能过早且限制了最大延迟时间。记录时间范围过宽就不能保证晚期观测质量。所以,在一个测区进行探测工作以前,应该做一些实验工作,以保证正式探测工作的顺利进行。有用信号是否被完全记录与观测时最后几道读数是否是噪声电平有关，当读数大于噪声电平时，则应增大观测时间范围。观测时间范围在实际中遇到衰减极慢时应及时延长并重复观测，确保完全记录有用信号。

3.2.3 技术特点

瞬变电磁法只观测纯二次场，不存在一次场的干扰，这称为时间上的可分性；但发射脉冲是多频率的合成，不同延时观测的主要频率不同，相应时间的场在地层中传播速度不同，探测深度也就不同，这称为空间的可分性。因此，瞬变电磁法探查风氧化带有如下特点。

(1)在高阻围岩区不会产生地形起伏影响的假异常；在低阻围岩区，由于是多道观测，早期道的地形影响也较易分辨。

(2)可以采用同点组合(同一回线、重叠回线、中心回线)进行观测，使之与风氧化带的耦合最紧，取得的异常响应强，形态简单，分层能力强。

(3)线圈点位、方位或收发距要求相对不严格，测地工作简单，工效高。

(4)把频率域的精度问题转化成灵敏度问题，加大功率灵敏度可以增大信噪比，提高穿透低阻的能力。

(5)剖面测量和测深工作同时完成，提供了更多的有用信息，减少了多解性，对风氧化带具有更高分辨率。

(6)磁源产生激励电流，不需接地电极，适于在地表干噪区开展工作。

(7)可先在地面开展瞬变电磁法圈定出风氧化带的大致分布范围，然后在煤矿采掘工作面采用矿井瞬变电磁法精细查明工作面风氧化带的分布规律，井上、井下瞬变电磁法资料相结合控制风氧化带的范围。

3.3 激发极化法

激发极化法是以地壳中岩、矿石激电效应差异为基础，外部人为供直流电(时间域)或交流电(频率域)，通过研究和分析其激电场分布规律，进行找矿和解决地质问题的电法勘探方法。

3.3.1 基本理论

3.3.1.1 激发极化效应

激发极化效应(激电效应)是在外电流场作用下，岩、矿石与周围的水溶液产生物理-电化学反应，引起地质介质中出现电荷分离，产生附加“过电位”的一种物理化学现象。如图 3-6 所示，A 和 B 为直流供电点，电流大小 I，M 和 N 为测量点，观察 MN 间电位差及其随时间的变化特征。如果地下存在极化体，外部电流使得极化体发生电化学反应，形成“原电池”，接着“原电池”会产生二次电场，通过 MN 测量二次电位差 ΔU_2，它是随时间变化的，常记为 $\Delta U_2(t)$。如果 MN 间测到的是总电位差 $\Delta U(t)$（一次电位差 $\Delta U_1(t)$ 与二次电位差 $\Delta U_2(t)$ 之和)，那么 $\Delta U(t)$ 也是随时间变化的。

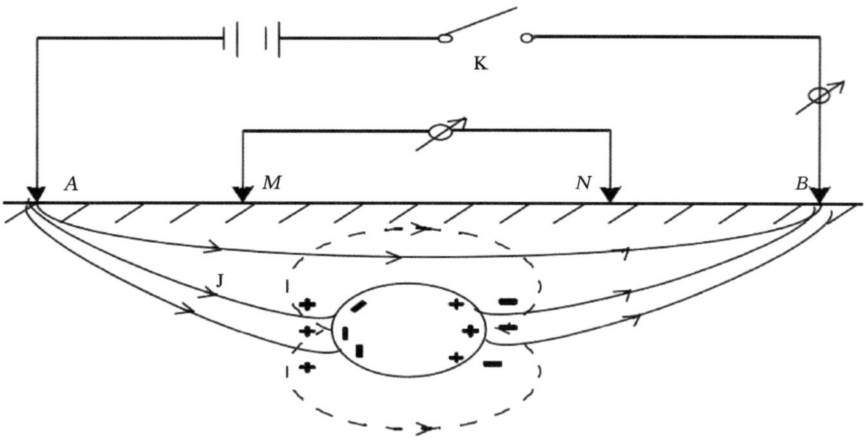

图 3-6　激发极化现象示意图

极化体被极化是一个先快后慢的过程，经过 T_s 后趋于饱和状态。断电后，$\Delta U_1(t)$ 已不存在，但极化引起的电位差 $\Delta U_2(t)$ 先快后慢逐渐减小，直至消失。如图 3-7 所示，$\Delta U(t)$ 为充电曲线，$\Delta U_2(t)$ 为放电曲线。

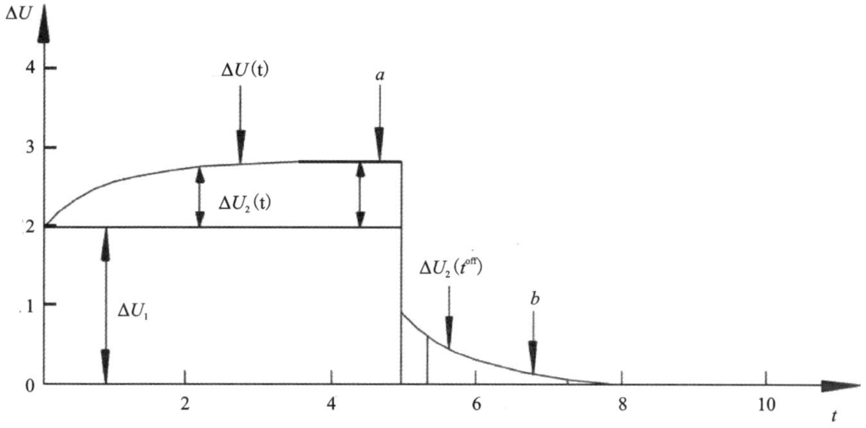

图 3-7　时间域激发极化现象示意图

为了得到激发极化的全过程，充电的时间 t 需要足够长（一般几分钟），断电后，测量供电时和断电后电位差变化的全过程。但在实际中，这样费时费力，成本不划算，所以一般只取若干个时间点测量的电位差间接求得某些参数来描述激发极化特性。常用的参数是视极化率 η_s。

$$\eta_s = \frac{\Delta U_2(t_i^{\mathrm{off}})}{\Delta U(T - \Delta t)} \times 100\% \tag{3-1}$$

式中，$\Delta U_2(t_i^{\mathrm{off}})$ 是断电后的某时刻 t_i 测得的二次电位；$\Delta U(T-\Delta t)$ 是快断电之前测得的总场电位差。这种测量若干个时间点来研究 $\Delta U_2(t)$ 的方法称为时间域激电法。

3.3.1.2　激发极化效应产生的机理

激发极化现象主要反映外部电流引起介质中电荷的分化和转移，而且具有复杂性和多样性。目前,激发极化效应机理有两类:电子导体的激发极化和离子导体的激发极化。

1)电子导体的激发极化

对电子导体(包括大多数金属矿、石墨及其矿化岩石)的激发极化机理,一般认为是由于电子导体与其周围溶液的界面上发生超电压的结果。在电子导体与溶液界面上自然形成的双电层电位差(电极电位)称为平衡电极电位[图 3-8(a)]。由于外部电场的影响,电子导体内部的电荷将重新分布:自由电子会发生定向移动,电流向流入端负电荷聚集,称作“阴极”;相应地,电流向流出端聚集正电荷,称作“阳极”。同时外部溶液中相对应的在“阴极””和“阳极”处聚集阴阳离子[图 3-8(b)],打破了原来平衡的自然双电层,发生“过电位”现象。充电过程是随着供电时间的延续,界面两侧异性电荷将逐渐增多,“过电位”随之增大直至饱和的一个过程,总电位差 $\Delta U(t)$ 可在这一过程得到。

放电过程是电流断开后,原本聚集在界面两侧正负电荷通过周围介质放电,过电位会逐渐减小,恢复到外电流未影响前正常的双电层,二次电位差 $\Delta U_2(t)$ 可在这一个过程得到[图 3-8(c)]。

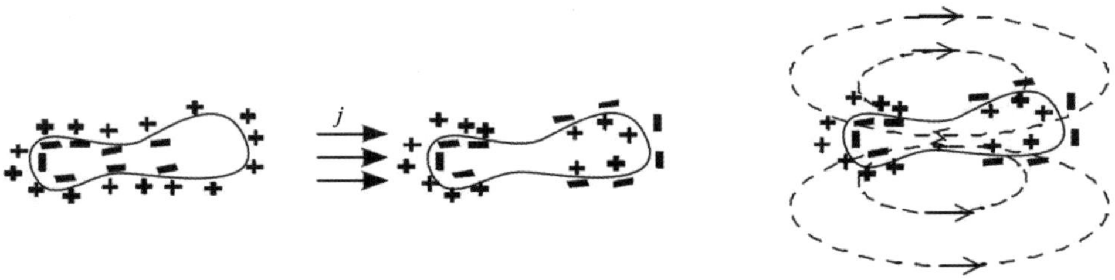

(a) (b) (c)

图 3-8 电子导体激发极化图

2)离子导体的激发极化

对于常见的离子导体,即岩石矿物,激电响应主要发生在岩石颗粒与周围溶液之间,双电层发生改变然后又恢复的这一过程。比较有代表性的是双电层形变假说:由于外电流的作用,岩石矿物颗粒界面处的阴阳离子向颗粒周围聚集,形成类似“过电位”的现象,逐渐达到饱和状态,称为双电层形变,也是充电过程[图 3-9(a)、图 3-9(b)]。外电流断开,岩石矿物离子向周围介质开始放电,恢复到原有平衡的状态,这是放电过程[图 3-9(c)]。当然,离子导体激电场响应强度和离子数目、大小、形态都有一定关系。

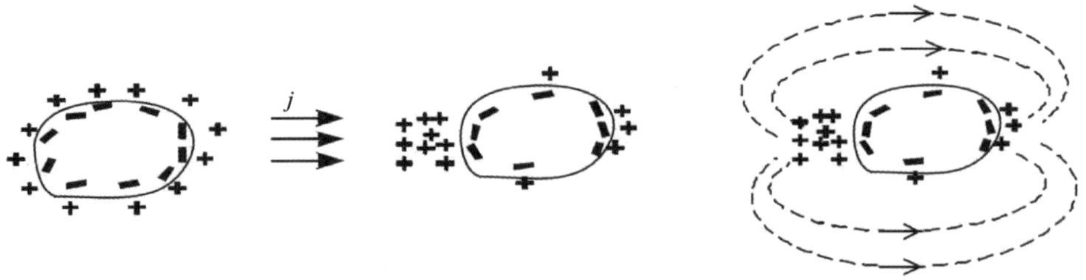

(a) (b) (c)

图 3-9 离子导体激发极化图

3.3.1.3　岩、矿石的激发极化特性

为了简化研究问题，激发极化效应分为面极化和体极化。面极化的激发极化效应发生在极化体与围岩溶液的界面上，比如致密的金属矿和石墨。体极化的激发极化效应发生在浸染状煤矿、矿化岩石和离子导电岩石中。其实，激发极化效应都属于面极化，因为在体极化过程中每一个极化单元的激发极化都是发生在颗粒与其周围溶液的界面上。然而，实际中大多数研究目标为煤矿、矿带或地层，因此，我们讨论的也多为体极化。

3.3.1.4　中间梯度装置

激电法通常可采用电阻率法中的各种装置，常用的装置有 3 种：中间梯度、双偶极和近场源。根据本书的相关内容，本节仅对中间梯度装置作简单介绍。中间梯度装置(简称中梯装置)，主要的优势是在测量时的生产效率高。在条件允许的情况下，如图 3-10所示，可以在大面积的范围内布置一条供电测线和供电电极，同时布置多条平行测线进行数据采集。由于该装置的测量范围主要在两个供电点的中间 1/3～2/3 部分，所以地下是近似于水平极化背景，产状和电阻率不同的极化体在此背景下都有较明显的异常响应，异常的响应形态简单，也容易解释。

如图 3-10 所示，实际生产测量多采用纵向中梯装置，供电点 AB 连线及测线方向基本上与探测的目标体的走向垂直。由于供电极距大、供电电流大、电磁耦合干扰强的特点，中梯装置多用于直流激电法中。

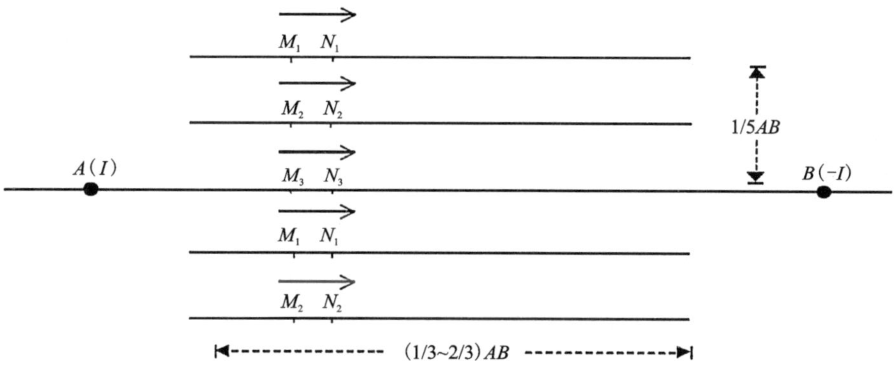

图 3-10　中间梯度装置示意图

中梯装置测量的异常幅值大小，并不是供电极距越大异常响应越强。供电极距的大小，需要根据实际情况和已知的试验结果来确定。如果没有相关已知矿的信息，通常需要根据任务要求选取合适的供电极距，主要是根据目标体深度，按以下关系进行设置：

$$AB=(4\sim10)\,h \tag{3-2}$$

式中，h 为异常极化体的顶端埋深。而对于测量电极距 MN 的选择，主要取决于近地表的干扰体大小和最大的异常响应。不同形状的矿体有不同的测量电极距，大量经验显示最佳测量电极距 MN 与异常极化体埋深有关。

3.3.2 技术特点

(1)在通常情况下,用长脉冲供电时可以获得最大限度的激电异常,因而有利于在极化效应较弱情况下进行测量,这样有可能发现较小的地质目标,如风氧化带。

(2)在断去供电电源后,观测和研究激电二次场的时间特性,避免电磁耦合干扰,对风氧化带具有较高的分辨率。

(3)在较宽的时间范围内观测和研究激电异常场,直流激电法研究的电化学过程较长,有可能在更广阔的时间域内,揭示激电异常源的性质。

(4)可与瞬变电磁法联合探测,同时在井上、井下开展工作,提高对风氧化带的探测精度。

3.4 无线电波透视

在井下进行无线电波透视时,影响电磁波在井下煤岩层的传播强度和相位大小的主要因素包括电阻率 ρ、介电常数 ε 以及磁导率 μ 等电性参数。当电磁波在自由空间中传播时,因没有介质的影响,其方向是任意的,但是在井下进行无线电波探测时,会因为有煤岩层介质的存在而产生改变。煤层顶底板岩层相对于层状煤层来说是相对低电阻率的介质,低电阻率介质吸收电磁波能力较强,而煤层通常都为高电阻率介质,吸收电磁波能力相对来说较弱,从而会导致电磁波能量主要集中在煤层方向传播,实际上煤层顶底板岩层起着一个屏蔽器的作用,使电磁波不在其中传播或传播能量较少。

3.4.1 基本理论

3.4.1.1 煤、岩石电磁参数与频散特性

当电磁波在煤、岩层中传播时,电磁波的能量是不断衰减的,路径越长,电磁波能量衰减越多。路径上的介质不同,衰减的程度也会不同,而介质的电阻率是一个重要的影响因素。一般情况下电磁波的能量在低电阻率的介质中衰减比较多,高电阻率介质对电磁波能量的影响相对来说较小。煤系地层一般是指煤层和煤层顶底板岩层所构成的一组岩层,煤层的电阻率主要受煤变质程度和含水率的影响,在成煤的过程中,煤的变质程度会随着炭化作用的进行而逐渐增高。岩石的电阻率主要决定于岩石的结构和矿物组成,但是在含煤地层中,岩石的含水率和孔隙率占主导地位。水分越多,湿度越大,电阻率会随之变小,电磁波能量的衰减就会增大。正常情况下,孔隙率越高、矿化程度越高的盐溶液,其导电性越高,电阻率越低。

同岩矿石有着不同的介电常数,介电常数的不同也会对电磁波的传播造成影响。当岩石或矿石处于电场中时,会受到电场的作用产生极化现象,其极化程度用介电常数表示。一般情况下,只有在高频率和高电阻率岩层中,电磁波的传播受介电常数的影响才较大。

岩石和矿石的电磁参数会随频率的变化而变化,这种现象称为频散现象。一般来说,岩

矿石的电阻率和频率之间是存在一定关系的。如当频率为 $10^4 \sim 10^5$ Hz 时，此时频率较低，岩石一般会有较高的电阻率值，尽管频率增加，电阻率值变化很小；但是在中低频率（$10^5 \sim 10^6$ Hz），电阻率值会下降一级；当频率增加到 10^7 Hz 以上时，电阻率值将下降至少两个级次。

一般来说，岩矿石的相对介电常数也会随频率的变化而变化，相对介电常数会随着频率的增大而减小，每种岩石和矿石变化幅度也不同。

3.4.1.2　吸收系数与电磁参数的关系

当电磁波辐射源在无限均匀的各向同性的介质中传播时，从观测点 P 到点 A 的距离为 r（观测点在辐射场内），在这种条件下，可以通过麦克斯韦方程组的波动方程的特殊解求出 P 点的电磁场强度，如图 3-11 所示。

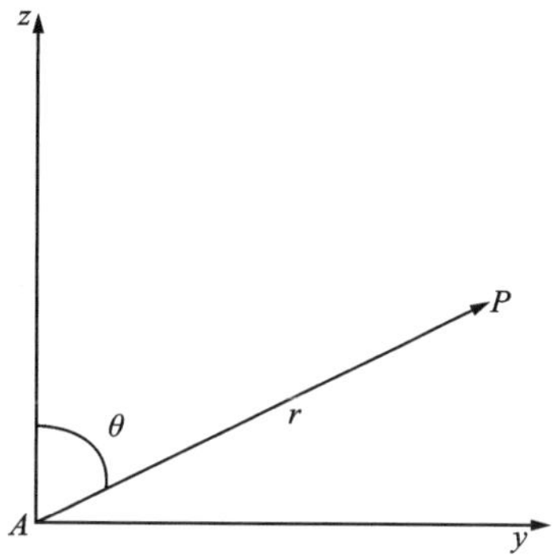

图 3-11　偶极子天线辐射场

电磁波在传播时的公式为：

$$E = E_0 \frac{e^{-\beta r}}{r} f(\theta) \tag{3-3}$$

式中，E 为测出来的电压场强数值（μV）；E_0 为发射的初始电压场强数值，取决于发射机的输出功率和天线附近的介质两种因素（μV）；β 为介质对电磁波能量的吸收能力，即吸收系数（dB/m）；r 为收发点之间的距离（m）；$f(\theta)$ 为方向因子；θ 为偶极子轴与观测方向之间的夹角（°）；e 为自然常数。

从式（3-3）可以看出，传播路径上介质中任意点处场强的强度大小由 4 个参数确定，在现场条件不变时，初始场强值 E_0 是一个固定值；接收距离 r 越大，场强值越小；影响场强值最主要的参数是吸收系数 β，因为场强值和吸收系数 β 成指数关系，β 值的变化会引起场强值发生较大的变化，β 值越大，场强衰减得越快。当方向因子 $f(\theta) = \sin\theta$ 在发射机天线轴的垂直方向上（$\theta = 90°$）时，辐射的电磁场能量最强；当观测点平行于天线方向移动时（θ 变小）场强变小；当观测点位于天线轴方向时（$\theta = 0°$），辐射的电磁场能量最小。垂直时，则 $\sin\theta = 1$，式（3-3）可以简化为：

$$E = E_0 \frac{e^{-\beta r}}{r} \tag{3-4}$$

目前在无线电波透视技术实际应用中，接收机接收到的其实是分贝场强值 H，单位是 dB，下式表示分贝场强和电压场强的关系：

$$H = 20\lg E \tag{3-5}$$

进一步可以得到场强电压值 E 的表达式：

$$E = 10^{\frac{H}{20}} \tag{3-6}$$

代入式（3-4）得：

$$10^{\frac{H}{20}} = 10^{\frac{H_0}{20}} \cdot \frac{e^{-\beta r}}{r} \tag{3-7}$$

取自然对数简化得到：

$$H = H_0 - 8.68\ln r - 8.68\beta r \tag{3-8}$$

用式(3-8)可以求出吸收系数 β，其中 H、H_0 的单位是 dB，转化为：

$$\beta = \frac{H_0 - H - 8.68\ln r}{8.68r} \tag{3-9}$$

当电磁波经过煤和岩矿石介质时，在外部磁场的作用下，介质的内部发生极化和磁化作用。在这一过程中，介质的电偶极距会发生位移，磁偶极距也会如此，介质中的分子会产生运动而消耗热能，使电磁波能量产生损耗，就可以用吸收系数 β 来表示介质在外加磁场的作用下电磁波能量的损耗，表示为：

$$\beta = 2\pi f\sqrt{\varepsilon u}\sqrt{\frac{1}{2}\left[\left(1+\frac{\sigma^2}{4\pi^2 f^2\varepsilon^2}\right)^{\frac{1}{2}} - 1\right]} \tag{3-10}$$

式中，f 为发射机的工作频率(Hz)；ε 为相对介电常数(F/m)；σ 为电导率(s/m)；μ 为磁导率(B/H)。从式(3-10)可以看出，吸收系数 β 由发射机工作频率 f、相对介电常数 ε、电导率 σ 和磁导率 μ 4 个参数确定。在介质的其他电性参数不变的情况下，吸收系数与发射机工作频率呈正相关关系。在利用无线电波透视技术处理数据圈定工作面的地质异常时，可以计算获得吸收系数层析成像。在同一个工作面探测时，如果使用多种频率进行探测，计算出的吸收系数也肯定会不同，就必须要对影响吸收系数的各种参数与其之间的关系进行分析。

(1)吸收系数与工作频率的关系：当发射机工作频率较高时，吸收系数并不会因为频率的改变而发生大幅度变化，并且在到达一定限度后趋于稳定；但是当工作频率较低时，一旦工作频率发生改变，吸收系数就会随频率的增加而明显增加。在利用无线电波透视技术探测工作面地质异常之前，需要选择合适的工作频率，因此就要利用吸收系数和工作频率之间的关系去选择，从而获得最有效的探测结果。从吸收系数与工作频率之间的关系来看，当透视距离较大时，应该选择较低的工作频率；反之，当透视距离小时，可以选择较高的工作频率来提高探测精度和分辨率。

(2)吸收系数与电阻率的关系：从式(3-10)可以看出，当介电常数恒定时，电阻率 ρ 才会对吸收系数造成影响，电阻率与吸收系数呈负相关关系，随着电阻率值的不断增大，吸收系数会逐渐减小并趋于稳定，各个频段的函数曲线会趋于一致。

(3)吸收系数与介电常数的关系：介电常数与吸收系数之间的相关性不大，一般只有在一定的工作频率下，并且电阻率较大、介电常数较小时，相对介电常数才会产生影响，相较于工作频率和电阻率，其对吸收余数的影响要小得多。

3.4.2 技术特点

无线电波透视在煤矿回采工作面圈成之后施工，可探测工作面内煤层的风氧化带的分布规律，该方法具有普适性强、仪器轻便灵活、智能高效、多方位可调、多频率可选、透视距离大、抗干扰能力强等特点，提高了现场施工效率和探查精度，有望成为研究工作面内风氧化带分布规律的有效手段。

3.5　地震勘探

地震勘探一般采用人工激发地震波的方式，地震波的能量较小，传播距离较小，频率相对高（一般为 5～1000Hz），对探测地壳浅处几米至几千米范围内的地层效果比较好。根据不同的勘探目的，我们可以采用不同的方法激发地震波，但不同方法激发的地震波的特征不同，应在不同的环境条件下使用。对于矿产勘探而言，使用较多的震源是炸药震源。地震波在向下传播的过程中遇到波阻抗界面时，会产生反射波，反射波传播到地面被接收。波阻抗就是介质的密度与地震波在介质中传播速度的乘积，波阻抗界面两侧地层的波阻抗存在差异。

地震波的激发和接收方式都是根据地下具体情况严密计算出来的，确保激发的地震波能达到一定的要求，接收的地震波经过处理之后能够反映地下地质情况，有利于圈定构造和矿产储集区域。

地震勘探可简述为：在地表、地下或水下，采用爆炸、锤击或释放高压气体等手段激发地震波。地震波向下传播，遇到各种物性分界面，发生透射、反射和绕射等。传回地表的地震波，被置于地表、井中或水中的检波器接收，形成地震记录。地震记录经过处理和解释，得到反映地下构造、岩性和油气水分布的图像，指导矿产勘探与开发（图 3-12）。

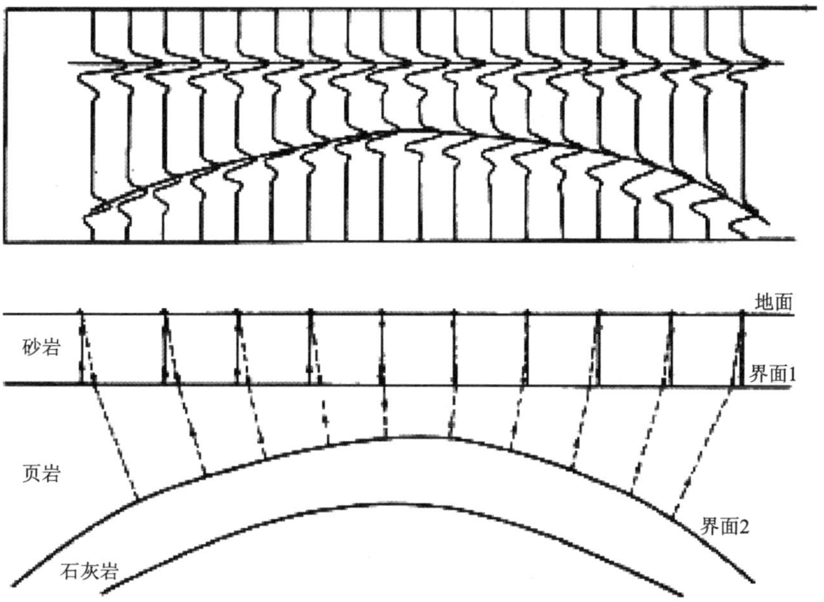

图 3-12　简单的地震勘探示意图

3.5.1　基本原理

3.5.1.1　地震波的反射与透射

地震波在穿过不同介质面的过程中，会产生波的透射与反射现象。斯奈尔定律指出：在相同的弹性界面上，反射、入射及透射波会具有完全相同的射线参数，其存在的前提条件是反射角与入射角相等。理论关系式如下：

$$\frac{sina}{v_1} = \frac{sina_1}{v_1} = p \tag{3-11}$$

$$\frac{sina}{v_1} = \frac{sina_1}{v_1} = p = \frac{sina_2}{v_2} \tag{3-12}$$

式中，p 为射线参数；a 为入射角度；a_1 为反射角度；a_2 为发射角度；v_1 为发射速度；v_2 为折射速度。

3.5.1.2 地震波的衰减

地震波在传播过程中能量会减弱，主要原因为波前扩散、地质介质吸收、地震波透射等。

1)波前扩散

在均匀介质中：

$$\varepsilon = \frac{D}{S} = \frac{D}{4\pi r^2} \tag{3-13}$$

式中，S 为地震球面波的波前面；D 为地震波总能量；ε 为单位面积地震波能量；r 为地震波球面半径。

能量 D 与振幅 A 的平方成正比，即：

$$A^2 \propto \frac{1}{4\pi r^2} \tag{3-14}$$

则：

$$A = C \cdot \frac{1}{r} \tag{3-15}$$

可知均匀介质中，A 与 r 的大小成反比。

折射波有：

$$A = \frac{C}{\sqrt{r\,(r_0)^3}} \tag{3-16}$$

式(3-16)说明，地震波传播过程中，随距离的增加，折射波产生的振幅衰减幅度比反射波要更加快速。

2)透射损失

波在传播过程中会发生反射与透射，在研究过程中，通过界面而发生透射的地震波会产生能量的损耗，这种现象被称作波的透射损失。

双程透射系数：

$$T_d = (1-R)(1+R) \tag{3-17}$$

式中，T_d 为双程透射系数；R 为发射系数。

以此类推，对于来自第 N 个界面上的反射波振幅为：

$$A_n = A_0 \prod_{n}^{n-1} (1-R_i^2)\, R_n = A_0\, R_n T \tag{3-18}$$

由此可知，当波的反射系数大到一定的程度后，将会对地层岩层的研究工作造成较大的影响。

3.5.1.3　地震勘探研究的分辨率

1)纵向分辨率

纵向分辨主要用来判断竖直面上地层的厚度指标，有：

$$\Delta\tau = \frac{2\Delta h}{v_2} \tag{3-19}$$

式中，$\Delta\tau$ 为层间双层时间；h 为地层厚度。

如果 $\Delta\tau \geqslant \Delta t$，则：

$$\frac{2\Delta h}{v_2} \geqslant \Delta t \tag{3-20}$$

如果 $\Delta t = nT_n$，则：

$$\Delta h \geqslant \frac{v_2 \Delta t}{2} = \frac{nT_a v_2}{2} = \frac{n\lambda_a}{2} \tag{3-21}$$

可知，地震波持续时间越短、波长越短时，分辨率越高。

2)横向分辨率

地质体在水平方向上的最小宽度通常是由横向分辨率进行判断的。不同波的传播所用时间的差值为：

$$\Delta t = \frac{2(l-h)}{v} \tag{3-22}$$

式中，l 为水平向上的最小宽度。

由：

$$l = \sqrt{h^2 + \gamma^2} \tag{3-23}$$

可得：

$$\frac{T}{2} = \Delta t_r = \frac{2(l-h)}{v} \tag{3-24}$$

菲涅尔带半径：

$$r = \sqrt{\left(\frac{\lambda}{4} + h\right)^2 - h^2} \tag{3-25}$$

$$r = \sqrt{\frac{\lambda h}{2}} = \sqrt{\frac{vh}{2f}} \tag{3-26}$$

式中，f 为地震波频率。

地震记录的横向分辨率代表菲涅尔带的大小，一般通过提高激发地震波的频率来提高横向分辨率。

3.5.2　技术特点

(1)相比电法，三维地震勘探具有更高的精度和分辨率。

(2)煤矿采区三维地震勘探解释煤层风氧化带的宽度在充分发挥三维数据集可以灵活应用时间剖面、水平切片和立体图优势的基础上,可合理有效地利用属性分析的方法实现煤层风氧化带的判别和圈定。

(3)当勘探区的煤层较多,且存在煤层分叉、合并等现象,深层地震地质条件极为复杂时,会影响煤层风氧化带的识别和解释。

(4)当勘探区内有较多的村庄、公路时,障碍物不可避免地造成炮点与检波点偏移,相应地段的地震资料信噪比偏低,将影响煤层风氧化带的识别和解释。

第 4 章　风氧化煤钻探勘察方法与技术

使用专门的机械传动钻杆和钻头，从地面向地下钻直径小而深的圆孔的方法，称为钻探。钻探工程是通过钻机钻进来获得地下蕴藏的真实地质资料（如岩、矿、地温、地下水等）和直接信息的一种技术方法，它是地质和矿产勘探中不可缺少的一个施工环节。地质工作者通过钻探工程可对所取得的地质和矿产资源参数作出可靠的评价。

根据地质工作的目的和要求不同，钻探工程在地质勘探工作中有多方面的服务内容：普通找矿钻探、矿产勘探钻探、水文地质及水井钻探、工程地质勘察钻探、工程施工钻探。

钻探工程通过不同勘察等级的布点密度、间排距，进行不同精度的勘察分析。一般情况下钻孔都是呈网状布置的，利用同一勘探线上各钻孔的柱状图绘制勘探线剖面，以了解和掌握矿产的地下赋存状态。钻探过程中，一边钻进一边针对层位提取岩芯，对岩芯进行测量和描述，获得地质信息，然后绘制原始钻孔柱状图。钻孔到达目标深度并提取岩芯后，按规定必须对钻孔进行地球物理测井。最后对钻孔进行封闭，避免给以后的生产、勘察工作带来突水等隐患。

当钻探用于煤层风氧化带勘测时，可以通过钻孔实地取芯的方式来判断钻孔底部煤层的顶底板位置、可采层数、变质程度、风氧化程度等具体情况，以及通过测井和实验检测分析煤质的方式来确定风氧化带的厚度及分布状态。与其他勘探目的和标准不一样，风氧化带勘探尤其需要注意的是钻进作业、取芯作业、测井作业、样品化验和钻进记录等相关工序。下面对关键工序进行简要的介绍。

4.1　钻进作业

为了使钻进工作能够连续不断地进行，使钻孔向地层深部不断地延伸到预定的地点，必须进行破碎岩石、清除岩屑、维护孔壁三项必须的工作。因此，这三者是钻探工作的基本作业。而在不同的地层中钻进，三者的难度是不同的。例如在松软地层中钻进时，破碎岩石较为容易，清除岩屑的工作量就较大，而维护孔壁就成为工作中的难点或重点；而在坚硬完整的地层中钻进时，破碎岩石就成为难点，清除岩屑和维护孔壁较容易一些。正常钻进时钻探工作应有序进行，当岩层岩性变化时，若应对不及时就会造成钻进停止、钻机事故。

在不同岩性的岩层中钻进需要不同的钻进参数，一般钻进方法的钻进技术参数包括钻压（P）、转速（n）和泵量（Q）。钻进较硬岩石和强研磨性岩石应适当增大压力，否则磨切削具，进尺少；钻进软岩或弱研磨性的岩石可采用中等压力，若压力过大，进尺过快，会造成重复破碎或糊钻现象，也会降低效率；钻进裂隙地层或软硬不均地层时，应适当减少压力，以防钻头合金崩刃或造成孔斜。

冲洗液的配制是钻探的重要步骤，是保证钻探施工能否顺利进行的关键技术，冲洗液护壁性能的好坏，将直接关系到钻孔的成败，且各施工点地质情况不同，因此可根据各孔的实际情况，选择合适配方。所采用原料的配比不同在钻进过程中取得的效果和对地层的污染破坏也不同。

4.1.1 特殊岩层钻进

在钻进过程中由于地层成因、年代、构造等不同，钻进的难易程度也不同。特殊的岩层钻进需采取不同的处理方式。

(1)黄土覆盖层中钻进：黄土与普通黏性土不同，其垂直渗透性大于水平渗透性，在冲洗液的作用下孔壁发生严重垮塌，土质原状结构被破坏，尤其是湿陷性黄土层破坏极其严重。这种情况下应进行空气钻进或快速钻进，减少冲洗液与黄土层的接触时间，及时下入套管进行隔离，可有效避免上述情况的发生。

(2)松散、掉块、裂隙地层及胶结差的覆盖层中钻进：冲洗液可选用低固相泥浆，也可选用其他复配型化学泥浆。在砂、砾石、卵石层中钻进，应以提高泥浆黏度为主，这样可减少泥浆的漏失和对孔壁的冲刷。在坍塌掉块岩层中钻进，要适当提高泥浆密度，同时要控制失水量；在裂隙、渗漏岩层中钻进应适当降低泥浆密度，同时提高泥浆黏度。

(3)膨胀性岩层中钻进：有些岩层由于自身特性极易膨胀，由于冲洗液的作用，钻孔易出现膨胀、缩孔、过水间隙堵塞、糊钻、憋泵等现象。对于此种特殊膨胀性岩层，为避免上述情况的产生，可以采用优质泥浆作冲洗液钻进膨胀性岩层。根据岩性选择含钙泥浆、含盐泥浆或不分散低固相泥浆。这些泥浆可以抑制岩层中黏土矿物的水化膨胀，保护孔壁，减少泥浆的失水量。

(4)含洞穴岩层中钻进：由于不同的地质成因和后期构造运动，有的岩层中含有大小不一、分布随机的空洞，其位置和大小等难以准确测定。钻进过程中由于空洞形状各异、底板不平等因素，若钻进参数过大极易造成钻孔偏斜，甚至钻具断脱事故。为处理此种情况，应低速、轻压钻进，随时注意接近空洞的几种预兆，进而保证人员和设备的安全。

在含空洞的岩层中，冲洗液从洞穴和裂隙中漏失，造成冲洗液消耗过大，加大了钻探成本。因此，钻探前从地质上了解钻探工点是否为采空区或岩溶区，其空洞的大致分布范围、深度、大小、岩层稳定情况等，以考虑钻至煤层底板的预定深度时，下入孔内套管层数，以便确定开孔口径和换径深度。利用物理勘探的区域成果，合理有效地避开地质复杂、空洞较多的区域，也可以方便钻探勘察的进行。

(5)涌水岩层、含气岩层中钻进：钻进至该类岩层时，孔壁易坍塌，泥浆变质，甚至井喷。因此钻进过程中对钻探泥浆的性能要求更为严格，并需按时测定泥浆性能，关注泥浆消耗及变化。泥浆的密度、黏度、失水量的选用尤为重要。

(6)功能性钻孔的钻探：水文地质钻探试验孔段的岩层，易受污染和被破坏的主要原因是泥浆中固相含量较高。为保证水文地质试验的质量，在试验阶段，宜采用清水或易于洗孔的泥浆，有利于提高洗井质量，降低相应的污染和破坏。

4.1.2　钻进事故

在钻进过程中，由于操作不当、岩层性质复杂多样或突发情况应对不及时等都会造成钻进事故，顺利解决事故可以减少工程损失，保障勘察工期。

（1）孔内钻具挤卡事故：探头石挤卡、掉块挤卡、孔内键槽挤卡、钻粒挤卡、缩孔挤卡、岩芯挤卡、钻头与孔壁挤卡等。

新钻头出刃比旧钻头大，下钻前检查出刃只能看出是否合乎标准，能否通过套管。钻孔实际孔底以上的一段孔径，总是比新钻头的外出刃小，同时有岩粉、岩屑存在，会出现孔壁与新钻头挤卡情况，为了避免这种情况，新钻头下至距孔底 0.3～0.5m 时应扫孔慢下。

（2）孔内埋钻事故：岩粉埋钻、塌孔埋钻和悬挤埋钻。埋钻事故多发生在松散破碎岩层钻进过程中。孔底岩屑积聚过多，钻粉捞取不及时，或因泥浆护壁失效而造成孔壁坍塌，陷埋钻具。

埋钻、卡钻常与塌孔伴生存在，因此在孔壁不稳定的情况下，应先护壁后处理事故，否则可能造成重叠事故。

（3）烧钻事故：烧钻多发生在钻头与孔壁及岩芯间隙小、转速高的金刚石钻进和硬质合金钻进过程中。从岩性因素考虑，则多发生在岩粉多、易糊钻的软质岩石中。施钻中若发现进尺慢、回转阻力大、提钻困难时，要采取积极措施预防烧钻事故的发生。

烧钻事故的预防关键在于保证孔内循环冲洗液的畅通，同时要及时排除孔底岩粉。

（4）钻具断脱事故：钻进过程中孔内钻杆、岩芯管和各种接头的折断，或其各连接部分丝扣滑扣。严重时造成钻孔报废，严重影响勘察进度。预防钻具断脱事故应该从提高管材加工质量，加强管材维护管理，遵守操作规程，改进工作稳定条件等方面着手。但管材加工质量与维护管理这两个环节，现场施工无法控制。所以深孔钻探时，可使用润滑减阻冲洗液和钻铤加压降低回转阻力，改善钻杆在工作中的稳定条件，防止因阻力大和过度弯曲磨损而剪断钻杆造成断脱事故。

（5）孔内套管事故：套管折断、套管下滑、套管脱扣错位、套管挤卡事故。

（6）岩层突变事故：钻进中突然发生岩性变化，未能及时调整相关参数而导致的事故。如钻探过程中泥浆稀释或冲洗液大量消耗，说明岩层透水性能变化，可能遇到了新的含水层，必须测量冲洗液的性能及消耗情况。如果泥浆性质突然发生变化，必须增加测定次数。为了准确观测冲洗液消耗量，要求钻场内冲洗液循环系统不得渗漏，必须防止雨水、地表水流入冲洗液内，并禁止向泥浆计量箱以外的循环系统中直接调加或取走冲洗液。

在钻进中，生产记录必须保证连续和真实，才能根据反馈的信息正确推测揭露的岩层，做出相关预防工作，避免可能发生的事故。

真正的意外事故发生时间、原因等都不好确定，只能在事前认真防范，定期检修维护设备；遵守劳动纪律，按章施工，严格执行相关规范。事故发生后，及时分析处理事故，否则将对钻进勘察造成相关影响，严重时钻具脱落，无法打捞，造成钻孔报废；较轻时加剧钻具的磨损和消耗，加大设备成本，延缓施工进度，造成单孔成孔时间过长，影响后续勘察孔的钻进。预防各类事故的发生有利于保证勘察施工的精准和进度。

4.1.3 风氧化带勘察钻进

地质软岩定义为强度低、孔隙度大、胶结程度差、构造面切割及风化影响显著或含有大量膨胀性黏土矿物的松散、软弱岩层。煤层风氧化后其顶板岩性可以划分为软岩。

风化岩石的强度和抗变形破坏能力普遍比未风化岩石低，绝大多数风化岩石抗压强度仅为同类未风化岩石的10%～50%，而且风化程度越高，强度降低幅度越大。泥质胶结砂岩的黏土矿物和黏土化的长石，具有很强的亲水性，受水侵蚀易迅速崩解、膨胀、泥化，不仅使塑性增强，隔水能力还会大大提高。同时，这些强度降低的风化岩层，在地层重力作用下，使原生裂隙和部分采动裂隙迅速被压实、弥合，导致渗透水能力进一步减弱。相反，硅质、钙质胶结的砂岩尤其是硅质胶结的石英砂岩，原生裂隙相对比较发育，部分含水，风化后，不仅含水、渗透水性不会减弱，往往还会形成庞大的网状含水、导水构造和通道。

软岩钻进时的钻进效率与钻压基本成正比。施工时应努力消除各种因素的影响，保证孔底有足够的钻压。钻速与转速在某一范围成正比增加，但不是单纯的线性关系。随着转速的增加，钻头作用在岩石表面的时间过短，影响切割深度，导致钻速下降。该类代表性岩石多为泥岩、页岩、砂岩、泥质矿岩等，是天然形成的复杂的地质介质。在此类地层钻进，因其自身地质原因冲洗液护壁困难，孔内极易坍塌、掉块引起卡钻、埋钻和钻杆折断事故。因机械破碎原因岩屑过多，引起糊钻、憋泵、钻头寿命低、岩芯采取率低，导致事故频发，无法施钻。

(1)松软至较软岩土层(1～4级)钻进特点：破碎岩石容易，岩石研磨性小，钻进效率高；孔内岩粉多，岩粉颗粒大，有时孔壁易坍塌；易产生糊钻、蹩水、缩径等。钻进时，要防止蹩水、糊钻，保持孔内清洁和保护孔壁等。采用高转速、大泵量、较小钻压的规程参数。

(2)中硬岩层(5～6级)钻进特点：钻进效率不高，岩石有一定的研磨性，护壁问题不大。钻进时要设法提高钻进效率，尽量选用阶梯钻头和各种小切削具的高效钻头。采用大钻压、高转速、大泵量的钻进规程参数。

(3)硬岩层(7级及部分8级)钻进特点：岩石硬、有研磨性、合金磨损较严重，钻进效率低。钻进时在延长钻头寿命的前提下提高钻进效率，采用大钻压、中转速、中泵量的钻进规程参数。

(4)裂隙及研磨性岩层钻进特点：合金崩刃和合金磨损严重，钻进时要防止合金崩刃，减少合金磨损，延长钻头寿命。在裂隙发育地层钻进时选用较低钻压、中等转速和中等泵量；在研磨性大的地层应选用大钻压、较大泵量和适当小的转速的钻进规程参数。

冲洗液量应根据岩石性质、钻头直径、单位时间内产生岩粉量等因素确定。钻进软岩石时，因进尺快，产生岩粉多，冲洗液量应大些；岩石颗粒粗，比重大，应适当增加冲洗液量；钻头直径大，孔深、孔壁渗漏多，冲洗液量应大些；在松软破碎的地层钻进，为防止冲毁岩芯，冲垮孔壁，应用较小冲洗液量。

5级以下软岩采用低钻压、高转速、大泵量冲洗液量；松散，易冲蚀岩石采用低钻压、低转速、小泵量冲洗液量；研磨性岩石采用高钻压、低转速、大泵量冲洗液量。

只有处理好风氧化带勘察的钻进问题，才能保证钻孔的完整和风氧化带勘察的正常进行，继续进行钻探取芯，测井，样品煤质检测工作，进而综合分析和确定地下煤层的赋存特征和风氧化带的分布范围。

4.2　钻进取芯

钻探勘察不能直接观察煤层的分布赋存规律，只能通过取样来间接地观察分析，从而推测出煤层分布特征。勘察时钻探成果是利用有限个钻孔来代表整个勘察区的分布情况，只有保证每一个钻孔的岩芯取样的完整，才能取得完整的第一手资料，进而通过对岩芯的分析来确定煤层相对于岩层的柱状分布，煤层与风氧化煤的分界，以及后续的掘进、回采和生产工作。

钻进取芯的环节：①经过环状破碎井底岩石，形成岩芯。②保护岩芯。钻进取芯时，已形成的岩芯要加以保护，避免循环的钻井液冲蚀岩芯及钻柱转动的机械碰撞损坏岩芯。③取出岩芯。钻进取芯一定长度后，要从所形成的岩芯底部割断并夹紧，在起钻时随钻具一同提升到地面。

钻进取芯时，以上 3 个环节都应做好，任一环节处理不当，轻则会得不到应有长度的岩芯，严重时会导致取芯失败，取不出岩芯。

4.2.1　取芯工具

为了完成钻出岩芯、保护岩芯和取出岩芯 3 个环节，取芯工具一般都包括取芯钻头、岩芯筒、岩芯爪、扶正器和悬挂装置等部件。

取芯钻头可分为刮刀取芯钻头、领眼式硬合金取芯钻头、“西瓜皮”取芯钻头、金刚石取芯钻头、PDC 取芯钻头等。

岩芯爪可分为卡箍式岩芯爪、卡瓦式岩芯爪、卡板式岩芯爪、卡簧式岩芯爪。

单层岩芯管钻具是最简单的取芯钻具。为提高采取率，在单管钻具中增加分水投球接头和分水帽。钻进时冲洗液通过分水接头中心孔直接进入岩芯管内，活动分水帽呈伞形保护岩芯不受冲洗液直接冲刷，且随岩芯一起上移。提钻前投入球阀封闭中心水道，在水压作用下球阀下移超过小卡时通水孔被打开，使孔底形成干钻条件。

双管钻具在岩芯管内设置内管容纳岩芯，冲洗液在二管之间流动，可以克服单管钻进时冲洗液对岩矿芯的冲蚀，避免对岩芯的直接冲刷，保护岩矿芯。

绳索取芯钻具在岩芯充满岩芯管后不需提钻，可借助绳索和专用打捞工具从钻杆中把内管及岩芯提至地表，极大地减少了起下钻具时间，机械化程度高，增加纯钻进时间。钻杆与孔壁间隙小，钻头回转平稳，钻头寿命比普通钻头寿命提高了一倍左右。

所有钻孔均为基岩段取芯。勘探范围处于风氧化带内，地层破碎，采取双筒取芯器、缩短钻程、勤起钻等措施提高岩芯采取率。工程地质钻探中选用合适的取芯钻具是保证取芯质量的关键。不同的取样方法和钻具使用对取样质量影响程度相差甚大，尤其是在煤风氧化带取样时要保证连续，避免因取样过程中掉样、破碎而无法确定煤风氧化带的实际厚度。特殊岩层取芯时，钻井液的滤液会浸入到岩芯中，可以考虑用密闭液（预先放置在内芯筒中的黏性高、流动性好、附着力强、防水性好的高分子液体)将钻取的岩芯迅速保护起来的取芯技术。

采取的岩芯洗净晾干,按序摆放整齐、编号(图 4-1),不仅需要及时、详细地鉴定,例如描述颜色、结构、构造、粒度、成分、胶结物、磨圆度、分选性、结核、包裹体、节理裂隙发育情况、岩芯破碎情况、断口、硬度等岩性特征,而且需要测定岩石质量指标(RQD),还要根据规范和设计相关要求对部分岩芯进行取样测试。编录质量达到施工设计及《矿区水文地质工程地质勘探规范》(GB12719—2021)的要求。

图 4-1 钻孔现场岩芯照片

无论在任何情况下,都应将提高岩芯采取率作为主要任务来进行钻探工作,并根据实际情况采取相应的措施来确保岩芯采取率和钻进取芯的钻进效率。

4.2.2 影响岩芯采取的因素

钻取岩芯的过程中,影响岩芯采取率的因素是多方面的,可归纳为以下几个方面。

(1)地层:地层的变化是多样的,它对岩芯采取率的影响也是多方面的。地质构造如断层、大倾角地层、裂隙发育地带、溶洞等,都会对岩芯采取率有影响;胶结程度好、致密的地层成柱性强,易取得较高的岩芯采取率,而胶结性差、松散、薄夹层、软硬交错地层,吸水膨胀地层都会对岩芯采取率造成不利的影响。

(2)取芯钻进参数:不合理的钻进参数,会严重影响岩芯采取率。钻压过大、过小对岩芯的采取都不利。钻压过小则钻速过低,钻压过大会使外岩芯筒失稳弯曲,使钻头工作不稳,外筒和内筒夹紧使内筒摆动及旋转。钻速过大使钻进不稳定、震动等破坏岩芯完整性。在排量方面,过大的排量可能会冲蚀岩芯,排量过小则引起钻头泥包现象进而影响取芯。

(3)岩芯直径:取芯工具直径越大,岩芯的强度就越高,越有利于提高岩芯采取率。

(4)孔中复杂情况:孔眼中如有井漏、井塌、缩颈、落物、井喷等复杂情况,如不及时采取相应处理措施,会直接影响取芯效果。

煤风氧化后,其上覆岩层风氧化程度会更为严重,在目标层位钻进取芯时,应尽量保证岩芯及煤样的完整和取芯的连续。

4.2.3 提高岩芯采取率的措施

一般来说,提高岩芯采取率应注意几个方面:制订合理的取芯作业计划;制订合理的取芯钻进参数;正确地选择取芯钻头和取芯工具,所选用的工具要符合取芯目的和适合所钻遇的地层；工具下井前仔细检查，如岩芯筒有无变形，岩芯爪的弹性及岩芯爪的配合等。

如果目标层位的岩芯样本足够完整、连续，将有利于后续的风氧化煤质分析，该区域煤层的划分、风氧化分界面等的分布特征将更加明了。

4.3　地质测井

地球物理测井或石油测井，简称测井，是在钻孔中使用的地球物理勘探方法的通称。根据所利用的岩石物理性质的不同，利用岩层的电化学特性、导电特性、声学特性、放射性等地球物理特性，测量地球物理参数的方法，属于应用地球物理方法(重、磁、电、震、测井)之一。

煤岩层物性的差异反映在各种测井曲线上具不同的特征，因此利用各种方法区别岩性、确定煤层是十分可靠的。

确定煤层分布之后，由于煤层发生风氧化后，表现为低阻电性特征，其电阻率随着风氧化程度的加深而减小，风化煤最低，氧化煤次之。同时，煤层风氧化区域顶板岩层极可能已出现裂隙或者产生风化，导致该区域极易充水，电阻率降低。

煤层风化后泥质含量增多，风氧化煤在伽马伽马曲线和自然伽马曲线上幅值均比正常煤幅值高，随风化程度的加深幅值变高，氧化次之(次高)，正常煤层幅值偏低。氧化煤是在风化煤和正常煤之间渐变过程中形成的，其特点为：上界常与风化煤接触，较易区分；而下界常与正常煤接触，其氧化程度是自上而下由深变浅。氧化煤在伽马曲线上表现为伽马高于正常煤，是上低下高的斜坡形，伽马伽马曲线则差异不大。

对一个钻孔的多种测井曲线综合分析，或对多个钻孔一系列测井图进行综合对比，必须对地区特点及测井曲线特征有充分了解后，才有可能进行，自始至终都是分析、判断的过程。单种参数曲线，存在着多解的特点，也就是单凭一种参数曲线可以作多种判断。为了克服单条曲线的多解性，测井总是多种方法联合应用，目的是可以互为参照，尽可能缩小解释范围，增加判断依据。各种测井曲线特点叙述如下。

(1)自然电位测井：人们在钻井中观测到了一种非人工产生的直流电位差，可以将毫伏级的电位记录下来，称之为自然电位。自然电位的测量较简单，即把一个测量电极放在井下，另一个放在地面，可以连续地测量出一条自然电位曲线。如果把曲线正极电位作为基准，则曲线的负峰处一般都是具有渗透性的砂岩。因此自然电位测井可以作为划分岩性、判断储层性质的基本测井方法。

(2)电阻率测井：在钻孔中采用布置在不同部位的供电电极和测量电极来测定岩石(包括其中的流体)电阻率的方法。通常所用的三电阻率测井系列是深侧向、浅侧向和微侧向电阻率测井。煤的电阻率很大，常常显示为明显的高阻异常，能清晰地将其从泥质围岩中划分出来。若顶、底板是灰岩，往往无法分出界面的位置，这时就需求助于其他参数的曲线来划分了。

(3)自然伽马测井：把仪器放到井下，测量地层放射性强度的方法叫作自然伽马测井(GR)。这种方法已有很长的历史，自然伽马与自然电位测井相配合能很好地划分岩性和确定渗透性地层。自然伽马测井的另一优点是可在下套管井中测量。煤在通常情况下放射性很低，但是随着灰分增加，异常值会有所增大。高灰分的煤自然伽马异常高过围岩。

(4)自然伽马能谱测井：自然伽马测井只能测量地层中放射性元素的总含量，无法分辨地层中含有什么类型的放射性元素，为此研制了自然伽马能谱测井，即测量不同放射性元素放射出不同能量的伽马射线，从而确定地层中含有何种放射性元素。

(5)声波测井：将一个受控声波振源放入井中，声源发出的声波引起周围质点的振动，在地层中产生声波即纵波和横波，在井壁-钻井液界面上产生诱导的界面波即伪瑞利波和斯通莱波。这些波作为地层信息的载体，被井下接收器接收，送至地面被接收器记录下来，这就是声波测井的原理。接收器、声源统称为声系，根据声系排列及尺寸的不同，声波测井仪可分为补偿测井仪(BHC)、长源距声波测井仪(LSS)和阵列声波测井仪。声波在井内地层中传播由于地层岩石成分、结构、孔隙中流体成分的变化，其波的速度、幅度甚至频率都会发生变化。只记录声波速度变化的称为声速测井(AC)，而记录声波幅度变化的则称为声幅测井。

(6)中子测井：用中子探测器直接测量地下地层中的热中子和超热中子的密度，它能记录孔隙度随深度变化的曲线，中子测井、密度测井、声波测井 3 种方法进行组合分析，能较准确地划分地层岩性和确定地层孔隙度。

(7)密度测井：是确定岩性和岩石密度的重要测井方法，与声波测井、中子测井组合形成岩性孔隙度测井系列。常用密度测井有以下两种。

①补偿地层密度测井。利用伽马射线与物质作用的康普顿效应，研制出补偿地层密度测井仪。利用固定强度的伽马射线源照射地层，伽马射线穿过地层时，由于产生康普顿效应，伽马射线会吸收，地层对伽马射线吸收的强弱决定于岩石中单位体积内所含的电子数，即电子密度，而电子密度又与地层的密度有关，由此通过测定伽马射线的强度就可测定岩性的密度。

②岩性密度测井。岩性密度测井是在补偿地层密度的基础上发展起来的，除利用康普顿效应求地层密度外，还利用光电效应来划分岩性。

煤的密度很小，在沉积岩中煤层的密度低是突出的特点，它与围岩的密度差异可达 $0.7\sim1.5g/cm^3$。因此各煤层在密度曲线上都以很大的异常出现。利用密度曲线圈定出煤层的成功应用很多。煤的灰分若过高，例如接近碳质泥岩，则圈定煤层的效果较差。

煤岩层物性的差异，反映在各种测井曲线上就有不同的特征，因此综合利用各种方法区别岩性、确定煤层是十分可靠的。

4.4 煤质化验

确定风化煤层位，主要可以依据野外肉眼鉴定和测井曲线。此外，化验测试成果也是确定风氧化煤层位的一种手段。

煤的工业分析是了解煤质特性的主要指标，也是评价煤质的基本依据。通常煤的水分、灰分、挥发分是直接测出的，而固定碳是用差减法计算出来的。广义上讲，煤的工业分析还包括煤的全硫分和发热量的测定，又叫煤的全工业分析。根据分析结果，可以大致了解煤中有机质的含量及发热量的高低，从而初步判断煤的种类、加工利用效果及工业用途，根据工业分析数据还可计算煤的发热量和焦化产品的产率等。

煤风氧化之后，灰分、挥发分、水分普遍增高，发热量降低，元素分析中的碳含量降低，氧含量增高，透光率降低，腐殖酸含量增高。因此，我们利用煤风氧化后与未风化的差别来确定风氧化煤与煤层的分界线和分布范围。

当钻孔钻进至目标层位，对该层位岩样及煤样进行岩芯取样，将取出的煤层芯样进行保护后及时送入实验室进行检测分析，包括煤的水分、灰分、挥发分、全硫、黏结指数、发热量、腐殖酸等以及其他可以分析并区分二者差别的实验（表 4-1）。

表 4-1　煤质检验项目及分析方法

项目	分析方法
全硫	GB/T214—2007 煤中全硫的测定方法
灰分、挥发分	GB/T212—2008 煤的工业分析方法
热值	GB/T213—2008 煤的发热量测定方法
碳、氢	GB/T476—2008 煤中碳和氢的测定方法
黏结指数	GB/5447—2014 烟煤黏结指数测定方法
腐殖酸	GB/T34766—2017 矿物源总腐殖酸的测定方法

1）煤的全硫分

煤中以各种金属硫化物形态存在的硫（如硫铁矿硫、硫酸盐硫）和以硫醇、硫醚、二硫化物、杂环硫等形态存在的有机硫，以及以游离状态存在的元素硫的总称。

2）挥发分

实验中将煤样在隔绝空气条件下高温加热，从煤中有机质分解出来的液体和气体的总量中减去水分，就得出挥发分。其残留物的黏结、结焦性状称为焦渣特征。由于煤中矿物质会影响挥发分的数值，因此一般用精煤测定挥发分，并以可燃物（干燥无灰基）为基准，计算出挥发分产率。挥发分产率在一定程度上能反映煤的变质程度；变质程度愈高，煤的挥发分产率愈低。挥发分产率是确定煤的类别的主要指标之一，也是确定煤层氧化带的一个参数。另外，根据挥发分产率和焦渣形状能初步判断煤的加工技术特性。

3）煤灰分

煤灰分是指煤完全燃烧后余下的残渣量。在实验室中将一定数量的煤样于一定温度条件下充分燃烧后，根据残渣质量以求得灰分产率。以不含水分的干燥煤样为基准计算灰分，并以符号 Aad 表示。

4）发热量

煤的发热量是指煤炭燃烧放热时发出的能量，又称煤炭大卡，是煤炭在氧弹中燃烧时产生的热量(热值、大卡),根据输入硫、氢、全水分、分析水仪器自动计算出煤的高位发热量、低位发热量及收到基低位发热量。

煤的高位发热量,即煤在空气中大气压条件下燃烧后所产生的热量,实际上是由实验室中测得的煤的弹筒发热量减去硫酸和硝酸生成热后得到的热量。

煤的低位发热量,是指煤在空气中大气压条件下燃烧后产生的热量,扣除煤中水分(煤中有机质中的氢燃烧后生成的氧化水,以及煤中的游离水和化合水)的汽化热(蒸发热),剩下的实际可以使用的热量。

5)碳氢比

一般情况下,碳氢比是以碳的质量比上氢的质量,是在化工方面有着重要意义的参数,是表征研究对象属于哪一种族化合物的重要参数。

6)黏结指数

烟煤的黏结指数测定是将一定质量的试验煤样和专用无烟煤样(我国以宁夏汝萁沟矿生产的专用无烟煤为标准煤样),在规定的条件下混合,快速加热成焦,所得焦块在一定规格的转鼓内进行强度检验,以焦块的耐磨强度,即抗破坏力的大小来表示煤样的黏结能力。黏结指数是判别煤的黏结性、结焦性的一个关键指标。黏结指数是煤炭科学研究总院北京煤化学研究所参考罗加指数测定原理提出的表征烟煤黏结性的一种指标。该指标的测定方法是按1∶5或3∶3的配比使烟煤和标准无烟煤混合后焦化,测定其所得焦块的黏结强度。

7)腐殖酸

腐殖酸是动植物遗骸(主要是植物的遗骸)经过微生物的分解和转化,以及地球化学的一系列过程形成和积累起来的一类有机物质。在一些低热值的煤炭,诸如泥炭、褐煤和风化煤,在它们之中,腐殖酸含量达10%~80%。煤经人工氧化(如用空气、臭氧或硝酸处理)可形成腐殖酸,如煤用硝酸轻度氧化所得的产物称为硝基腐殖酸。提取的方法是先用酸处理,脱去部分矿物质,再用稀碱溶液萃取,萃取液加酸酸化,即可得到腐殖酸沉淀。

在得到关于煤层岩芯样品的结果后,利用相关数据对比,可以大致确定未风化煤层与氧化煤的分界线,通过多个钻孔的柱状图,确定勘察线上的分界线,再结合勘察网格来确定勘察区域内二者的分界线。其根本目的就是通过区分煤与风氧化煤的不同特征来判断风氧化带所赋存的深度带,进而结合钻孔的数据记录来推断勘察区域地下煤层风氧化的分布情况。

4.5 其他影响

除上述因素之外,钻探的每一步骤都有可能导致误差,如孔位布设不准确,孔斜偏差,施工记录不完整、及时,资料保管不正规,施工纪律不执行等。

在正常钻探过程中的数据记录包括孔底岩石性质、孔壁情况、孔深、孔径、角度、钻头类型及磨损情况、钻具条件、冲洗液性质等。孔斜调整、钻杆进尺、测量验收等操作都会对钻探的勘察造成影响,操作人员不能直接观测孔内情况,并且要控制钻进参数。因此钻探施工管理工作尤为重要,必须勤于观察,认真记录,善于分析,利用积累的知识和规范处理意识,及时汇报和处理相关异常并记录。

保障数据的连贯性、及时性和准确性十分重要，尤其是在煤层赋存分布、风氧化带与煤层的分界线划分上。因此，在钻时记录、施工管理、事故处理等相关工作上认真规范执行，并根据相应的分析情况转化为适当的处理措施，并观察记录后续情况，分析是否解决或好转，以抵消或减轻部分影响，避免对后续勘察成果造成大的影响和误差。提高施工规范性，严格认真管理，有利于提高钻探勘察成果的精度。

钻探只是一种勘察手段，只能提供一定精度上的勘察成果，若想真实完整地了解区域赋存及精细探查，必须配合其他勘察手段进行综合探查分析。钻探只有与其他手段的优势互补，才能完整地探查一个地区煤层真实的分布规律和特征，在后续的施工中提供有价值的参考和指导。

第5章 准格尔煤田东部煤层风氧化带勘探成果

为了系统地了解准格尔煤田东部煤层风氧化带勘探成果，本书选取串草圪旦煤矿、红树梁煤矿、黑岱沟煤矿和不连沟煤矿的地球物理勘探、地质勘探、水文地质勘探等资料，利用其相关勘察设计、工作布置以及相关发现、成果和结论，从南到北依次对各个矿区煤层风氧化带进行勘察工作和成果进行归纳总结，初步分析了准格尔煤田东部煤层风氧化探查结果及风氧化带分布规律。

如图5-1所示，串草圪旦煤矿位于内蒙古自治区鄂尔多斯市准格尔旗东南部，行政区划隶属于准格尔旗龙口镇，距准格尔旗政府所在地薛家湾镇约43km。

红树梁煤矿位于内蒙古自治区鄂尔多斯市准格尔旗东南部，行政区划隶属内蒙古自治区鄂尔多斯市准格尔旗龙口镇管辖。

黑岱沟煤矿位于内蒙古自治区鄂尔多斯市准格尔旗中东部，北距呼和浩特市127km，东南距黄河万家寨水利枢纽工程49km，西距鄂尔多斯市120km。

不连沟煤矿位于内蒙古自治区鄂尔多斯市准格尔旗东北部边缘，行政区划隶属内蒙古自治区准格尔旗大路镇，隔黄河北与托克托县为邻，东与清水河县相望。

5.1 串草圪旦煤矿煤层风氧化带探测

5.1.1 矿区概况

串草圪旦煤矿于2005年建井，2006年9月8日开始进行改扩建工程，2008年7月31日竣工，形成了井下及地面生产系统，生产能力为90×10^4t/a，采用放顶煤综合机械化开采，实际生产能力达到240×10^4t/a。

串草圪旦煤矿开采深度为876～1035m，东西最宽为2.60km，南北最长为4.07km，标高面积为7.09km^2。含煤地层为上石炭统太原组和下二叠统山西组，共有可采煤层5层，自上而下依次为4号、5号、6号、$9_上$号及9号层煤。其中，4号、5号、6号及$9_上$号煤层为大部可采煤层，9号煤层为局部可采煤层。6号煤层为本矿井主采煤层，可采面积达5.64km^2，煤层自然厚度为1.10～15.18m，平均9.99m。6号煤层可采厚度为1.10～13.75m，平均9.34m，属巨厚煤层。

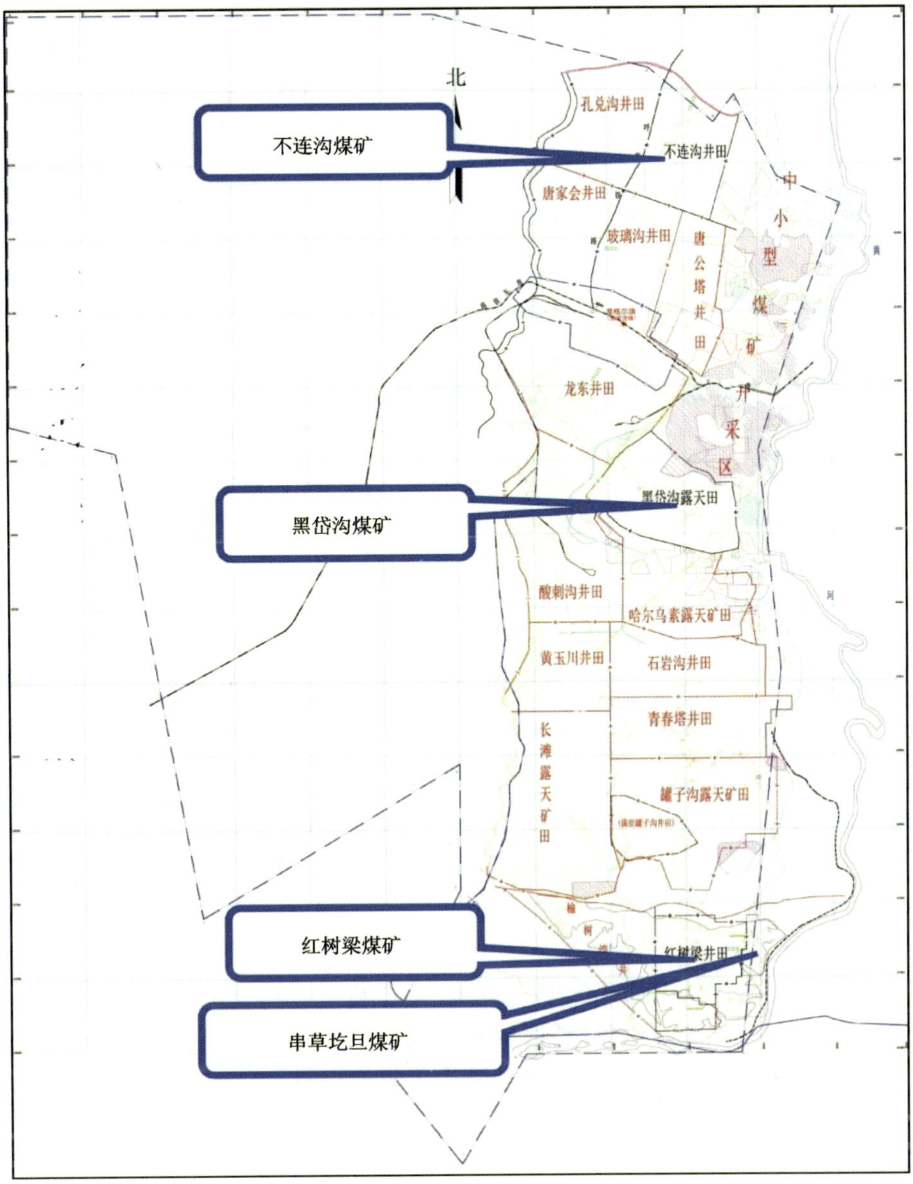

图 5-1　准格尔煤田东部煤矿分布图

串草圪旦煤矿采用斜井单水平开拓方式，井筒及大巷均东西向布置，水平标高 965m，开采 4 号、5 号、6 号煤层；另在 935m 设辅助水平，开采 $9_上$ 号、9 号煤层。工业场地内布置主斜井、副斜井和回风斜井 3 条井筒。井下煤炭运输采用带式输送机，辅助运输采用防爆无轨胶轮车。工作面采用长壁式采煤法，后退式回采，全部冒落法管理顶板。

5.1.1.1 自然地理

1)地形、地貌

串草圪旦煤矿地形总体趋势是西北高、东南低。一般地形标高在950～1150m之间,相对高差为200m。最高点标高为1 209.6m,位于串草圪旦矿区西北火烧峁处,最低点标高为941.3m,位于串草圪旦矿区西南沟谷中。区内具典型的构造侵蚀型高原丘陵地貌特征,冲沟十分发育,地面支离破碎,山丘顶部多呈浑圆状或鱼脊状,地表覆盖层为Qh风成砂及Qp黄土,局部被老乡开垦为耕地。由于强烈的冲刷切割,山坡陡峭,一般坡角在30°～70°之间。

2)气象

串草圪旦煤矿位于北温带半干旱大陆性气候区,降水稀少,蒸发强烈。据准格尔旗气象站历年资料统计,该地区年平均气温7.3℃,年极端最高气温38.9℃,年极端最低气温−30.9℃,多年平均降水量391.3㎜,最大635.5㎜(1961年),最小142.5㎜(1965年)。降水多集中在7—9月,可占全年的70%～75%,且降水强度大,多暴雨,暴雨1～2次/年。干旱年份,即降水量相当同期平均值51%～80%的年份,平均三年一遇,尚无连年干旱的记载。年平均蒸发量1 993.3㎜,最大2 436.2㎜(1972年),最小1 617.7㎜(2003年)。相对湿度52%,绝对湿度5.8mg/L。

串草圪旦煤矿具典型的大陆性高原气候特征。冬季,在蒙古冷气团控制下,严寒而漫长,多晴少雪,气候干燥,西北风盛行,寒潮活动频繁。每年11月至翌年3月平均气温均在0℃以下,年均霜冻约210天,最大冻土深度1.5m。春秋,冷暖气团交替活动,寒暑剧变,多风少雨。每年8级以上大风在50d以上,最大风速31m/s。夏季短暂,气温迅速回升,天气晴燥,降雨集中,常发生暴雨或冰雹。每年平均气温稳定在20℃以上者约20d,无霜期约150d,多东南风或南风。

3)地震

根据《中国地震动参数区划图》(GB 18306—2015),本区地震动峰值加速度0.05g,反应谱特征周期0.45s,对照烈度Ⅵ,属弱震区预测范围。

内蒙古地震资料显示,1976年以和林县新店子为中心的4.5～5级地震,曾波及到准格尔旗一带,但对本区均无影响,历史上亦无破坏性地震记载。

4)水文状况

串草圪旦煤矿属于黄河流域。黄河于煤矿东侧自北向南曲折流过,据煤矿北65km的头道拐黄河水文站多年观测资料统计:黄河最大流量为5310m^3/s(1967年9月19日),最小流量为36.14m^3/s(1986年5月27日),平均流量为787m^3/s,最大含沙量为37.6kg/m^3,最小含沙量为0.046kg/m^3,平均为5.6kg/m^3,最大输沙率为9.97t/s,最小输沙率为0.790t/s,平均为4.47t/s,头道拐处黄河水位标高两极值为990.69m(1967年9月21日)、984.52m(1979年7月20日),平均为988.53m。最大水位年度变幅6.17m。下游龙口处黄河水位标高865m。

串草圪旦煤矿西北角有一最大的沟谷——罐子沟,其他沟谷大部分为其支沟。平时沟谷干涸无水,或仅有溪流,雨季可形成短暂洪流,汇入房塔沟后流出区外,然后注入黄河。

近年来在串草圪旦煤矿上游的万家寨和下游的龙口分别建立了两座水库,将坝址以上的黄河水位抬高了30～70m,扩大了淹没范围,改变了准格尔旗深部岩溶裂隙水的补径排条件。

5)地质灾害

煤矿内部目前没有规模较大的滑坡、泥石流等地质灾害,但是由于井工开采原因,形成采空区范围内局部地段地面变形,矿井排水也造成地下水位的降低。此外黄土陡崖等可能产生滑坡和崩塌,存在一定的危险性,应引起重视。

5.1.1.2　四邻关系

串草圪旦煤矿西侧紧邻内蒙古开滦宏丰煤炭有限公司红树梁矿井,建设规模 5.0Mt/a,采用斜井开拓,目前已形成生产系统,进入联合试运转阶段。

根据以往资料,位于煤矿采矿权内东北边缘的高窑沟煤矿及中东部的九坪煤矿,主要开采 6 号和 9 号煤层。高窑沟煤矿 1966 年建矿,开采 6 号煤层,年产量 8kt;九坪煤矿 1958 年建矿,开采 6 号、9 号煤层,年产量 10kt。高窑沟煤矿、九坪煤矿开采方式为平硐式炮采或镐刨开采,预留煤柱支护,以畜力车和机动车运输为主,采用电石灯照明,自然通风,未发生过瓦斯及煤尘爆炸事故。矿井涌水量很小,无需排水或只需简单排水设备即可正常生产,生产过程中,回采率极低,造成煤炭资源的极大浪费。根据以往勘查报告资料,九坪煤矿和高窑沟煤矿已全部关闭,但关闭时间尚不清楚。另外,在串草圪旦煤矿采矿权内东部及西南部尚有 2 个老窑采空区,老窑窑口均建在有煤层露头出露的地方,沿浅部向深挖掘,由于年代久远,老窑具体生产时间、开采煤层号及产煤量等情况均不清楚。

5.1.2　矿区地质

5.1.2.1　地层

串草圪旦煤矿内地表被新生界松散沉积物广泛覆盖,新生界以下老地层出露不多,只有在较大冲沟及冲沟两侧才有基岩出露。由于本区地处准格尔煤田南部边缘,地层遭受剥蚀严重,部分地层缺失。根据地表出露及钻孔揭露,本区地层层序自下而上为:中奥陶统马家沟组(O_2m)、上石炭统太原组(C_3t)、下二叠统山西组(P_1s)、下二叠统下石盒子组(P_1x)、新近系(N_2)、第四系(Q)。

5.1.2.2　构造

串草圪旦煤矿位于准格尔煤田的南部,总体构造形态与准格尔煤田区域构造形态基本一致。岩煤层的产状,主要受近东西向老赵山梁背斜和与之相伴生的双枣沟向斜的影响,为一宽缓的向斜构造,地层走向近东西,向斜两翼倾角为 1°～5°。

1)褶皱

(1)老赵山梁背斜:轴部主要位于煤矿北界以外,总体呈东西方向延伸,在煤矿附近呈向南凸出的弧形,延伸长约 18km。轴部出露奥陶系灰岩地层,两翼为含煤地层。北翼倾角 5°,南翼倾角较陡,在 10°～15°之间。由于背斜的影响,煤矿北部边缘地带形成剥蚀无煤区域。老赵山梁背斜在煤矿区内未出现。

(2)双枣沟向斜:位于煤矿中西部,延伸方向基本为东西向,两翼宽缓,为一不对称向斜构造,其北翼倾角相对较陡,一般在 15°～65°之间,南翼倾角平缓,一般在 1°～3°之间,与老赵山梁背斜相伴生,是煤矿内最主要的构造,主导区内岩煤层的产状,在靠近 C1 及 C2 号钻孔附近,煤层倾角达到 35°～70°。

2)断裂

煤矿在采掘过程中未发现较大断层,仅在巷道里揭露了许多小断层,断距一般在 0.3～13.2m 之间,倾角 11°～88°。小断层使 4 号、5 号、6 号煤层的完整性受到不同程度的破坏,同时也使采区正常生产受到一定影响。经统计,巷道中共揭露断层 39 条,其中正断层有 21 条、逆断层有 18 条。

串草圪旦煤矿 6 号煤层构造发育情况详见图 5-2。

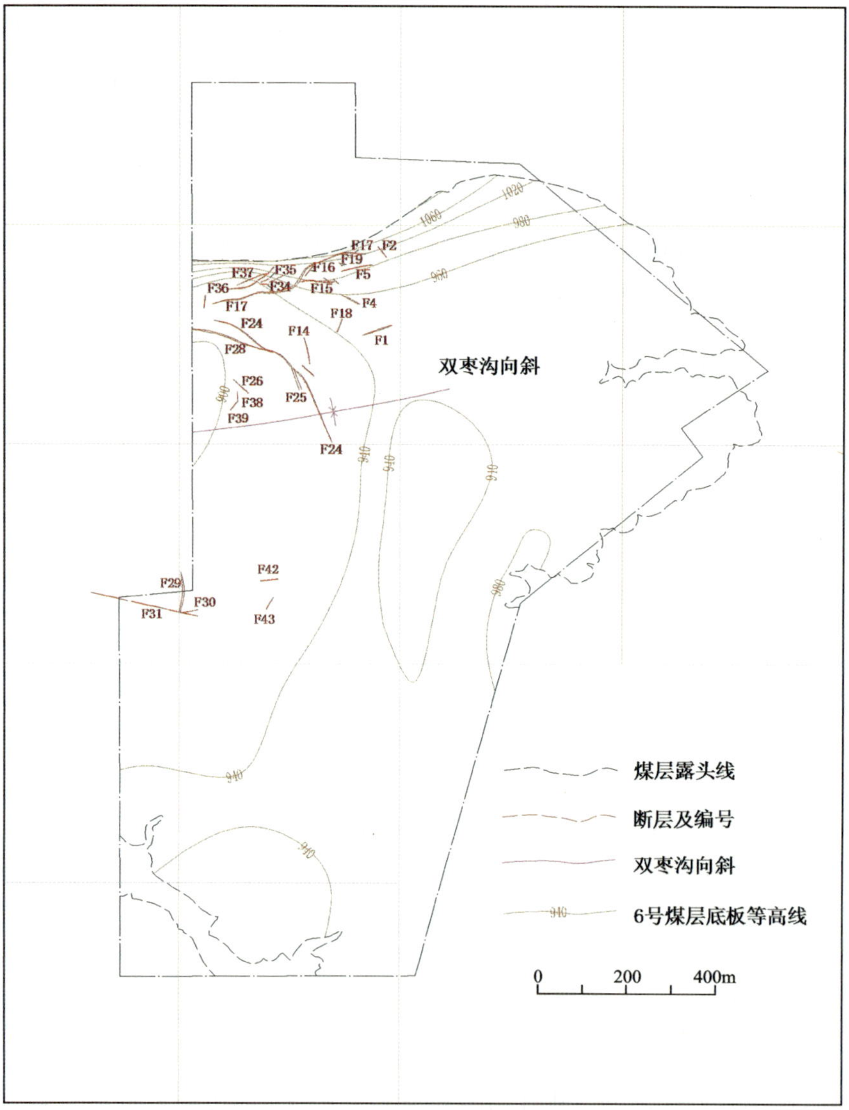

图 5-2　串草圪旦煤矿 6 号煤层构造示意图

3)岩浆岩

以往各勘查阶段均未发现有岩浆岩侵入体的存在;煤矿在采掘活动过程中,在生产巷道及回采工作面也未发现有岩浆岩侵入体的存在。

综上所述,串草圪旦主要构造型态为一宽缓的不对称向斜构造,向斜北翼岩层产状较陡,南翼宽缓。老赵山梁背斜位于串草圪旦煤矿北侧,对煤岩层的产状产生一些影响,区内未发现较大断层,未见岩浆岩侵入体。

根据现行《矿产地质勘查规范煤》(DZ/T 0215—2020),串草圪旦煤矿构造复杂程度属简单—中等类型(煤矿北部为中等构造类型,南部为简单构造类型)。

5.1.2.3　煤层

本区含煤地层为上石炭统太原组上段(C_3t^2)和下二叠统山西组(P_1s)。含煤 6 层,自上而下编号为 4、5、6、$9_上$、9、$9_下$。4 号、5 号煤层赋存于山西组内;6 号、$9_上$号、9 号、$9_下$号煤层赋存于太原组上段。4 号、5 号、6 号及 $9_上$号煤层为大部可采煤层,9 号煤层为局部可采煤层,$9_下$号煤层为不可采煤层。

山西组平均厚度 92.61m,4 号、5 号煤层累计总厚度平均 8.13m,可采厚度平均 7.14m,含煤系数 8.78%,可采含煤系数 7.71%。

太原组上段地层平均厚度 54.04m,6 号、$9_上$号、9 号、$9_下$号煤层累计总厚度平均 14.71m,含煤系数 27.22%,可采厚度平均 13.98m,可采含煤系数 25.87%。

山西组、太原组上段含煤地层总厚度平均 146.65m,煤层累计总厚度平均 22.84m,可采煤层累计厚度平均 21.12m ,含煤系数 15.57%,可采含煤系数 14.40%。

1) 4 号可采煤层

4 号煤层位于山西组中段。由于后期遭受风化,部分地段的煤层已被铝质泥岩所代替,有工业价值的煤层主要分布在矿区中部。

地表有煤层露头。钻孔中揭露的煤层深度为 21.69～160.38m,平均 77.27m,为本区主要可采煤层之一。

最大含煤面积为 2.89km^2,可采面积为 2.89km^2,面积可采指数 40.76%。全区 19 个见煤点有 9 个可采,可采性指数为 47%;煤层自然厚度 0.25～3.80m,平均 3.04m。煤层可采厚度 2.38～3.55m,平均 3.05m,属中厚煤层。煤层可采厚度横向及纵向上均变化不大。

该煤层结构简单,含夹矸 0～2 层,夹矸岩性多为泥岩;顶板以砂质泥岩、泥岩为主,底板为泥岩及细砂岩。

4 号煤层层位较稳定,厚度变化无明显规律,属大部可采煤层。距下部 5 号煤层间距 18.95～40.32m,平均 29.47m。

2) 5 号可采煤层

5 号煤层位于山西组中下段。由于成煤之后遭受风化,部分地段的煤层层位已被铝质泥岩所代替,风化范围与 4 号煤层大致相同。

地表有煤层露头。钻孔中揭露的煤层深度为 56.23～193.27m,平均 106.75m,为本区主要可采煤层之一。

最大含煤面积为 3.50km^2,可采面积 3.50km^2,面积可采指数 49.37%。全区 19 个见煤点有 12 个可采，可采性指数为 63%；煤层自然厚度 0.15～6.75m，平均 4.03m。煤层可采厚度 1.38～6.17m，平均 4.02m，属厚煤层。煤层可采厚度横向及纵向上均变化不大。

5 号煤层结构简单，含夹矸 0～2 层，夹矸岩性多为泥岩；顶板岩性主要为泥岩、砂质、泥岩及细砂岩，底板主要为砂质泥岩。

该煤层层位较稳定，厚度变化无明显规律，属大部可采煤层，距下部 6 号煤层间距 15.62～44.60m，平均 33.90m。

3）6 号可采煤层

6 号煤层位于太原组上段第二岩段，为矿区主要可采煤层。

地表有煤层露头。钻孔中揭露的煤层深度为 71.85～235.08m，平均 136.15m，为本区主要可采煤层。

最大含煤面积为 5.64km^2，可采面积 5.64km^2，面积可采指数 79.55%。全区 21 个见煤点有 20 个可采，可采性指数为 95%；煤层自然厚度 1.10～15.18m，平均 9.99m。煤层可采厚度 1.10～13.75m，平均 9.34m，属巨厚煤层。

6 号煤层结构为简单—复杂，含夹矸 0～6 层，夹矸岩性多为泥岩；煤层顶板岩性以泥岩、砂质泥岩、粉砂岩为主，底板岩性与顶板岩性基本相同，个别为细砂岩。

该煤层层位较稳定，厚度变化无明显规律，属大部分可采煤层，距下部 $9_{上}$ 号煤层间距 6.67～38.09m，平均 19.23m。

4）$9_{上}$ 号可采煤层

$9_{上}$ 号煤层位于太原组上段第一岩段，为 9 号煤层的上分层。

地表有煤层露头。钻孔中揭露的煤层深度为 95.82～249.73m，平均 159.84m，为本区主要可采煤层之一。

最大含煤面积为 5.24km^2，可采面积 4.20km^2，面积可采指数 59.24%。全区 17 个见煤点有 10 个可采，可采性指数为 59%；煤层自然厚度 0.45～2.62m，平均 1.33m。煤层可采厚度 0.80～2.20m，平均 1.41m，属中厚煤层。

$9_{上}$ 号煤层结构简单，含夹矸 0～1 层，夹矸岩性多为泥岩。顶板岩性为钙质泥岩及泥质灰岩，底板以泥岩、砂质泥岩为主。

该煤层层位较稳定，厚度变化无明显规律，属全区大部可采煤层，距下部 9 号煤层间距 3.05～17.30m，平均 9.81m。

5）9 号可采煤层

9 号煤层位于太原组上段第一岩段，地表有煤层露头。钻孔中揭露的煤层深度为 113.12～255.23m，平均 163.56m，为本区主要可采煤层之一。

最大含煤面积为 3.64km^2，可采面积 2.17km^2，面积可采指数 30.61%。全区 14 个见煤点有 10 个可采，可采性指数为 71%；煤层自然厚度 0.38～2.44m，平均 1.05m。煤层利用厚度 0.83～2.44m，平均 1.18m，属薄煤层。

9 号煤层结构简单，含夹矸 0～1 层，夹矸岩性多为泥岩，顶板岩性为钙质泥岩及泥质灰岩，底板以泥岩、砂质泥岩为主。

该煤层层位不稳定，厚度变化大，属局部可采煤层，距下部 $9_{下}$ 号煤层间距 3.30～9.75m，平均 5.79m。

6)不可采煤层

$9_下$号煤层，位于太原组上段第一岩段，矿区内只有 1 个可采点，利用厚度为 1.10m。该煤层在矿区范围内属不可采的不稳定煤层。

5.1.3 勘查方法与工程布置

串草圪旦煤矿在全矿区内进行较多地质勘探，其中部分涉及了风氧化带的探查，所采用方法为钻探和物探。

1)钻探工程布置

在所涉及的 23 个钻孔中，除 2 个钻孔(C1、C2 钻孔)为丙级孔外，其他各钻孔质量较高，C1、C2 钻孔全部穿过本区煤系地层底部，终孔层位为上石炭统太原组下段(C_3t^1)，钻孔中岩性均为非含煤地层，未发现有煤系地层赋存。钻孔终孔测井时因孔壁坍塌严重，未能测成。钻探工程累计进尺 4 352.79m；测井钻孔 21 个，累计工程量 3 696.05m。

2)物探工程布置

2021 年采用瞬变电磁法在矿区东部对风氧化带进行了探查，共完成物理点 781 个，控制面积 0.5km^2。

5.1.4 勘探成果

5.1.4.1 煤质分析

在矿区南、北部有煤层出露，造成煤的风氧化现象。在矿区东侧的 Y1 钻孔采取了 3 个风化煤样，其化验测试结果见表 5-1。

表 5-1　Y1 钻孔风化煤样测试结果表

煤样编号	采样深度(m)	工业分析(%)			发热量(MJ/kg)			St.d(%)	元素分析(%)				透光率(%)	腐殖酸(%)	$G_{R.I}$指数
		M_{ad}	A_d	V_{daf}	Q_{daf}	$Q_{net.ad}$	$Q_{gr.d}$		C_{daf}	H_{daf}	N_{daf}	O_{daf}			
风 1	178.71～186.96	10.78	39.09	46.41	13.00	10.94	11.56	0.25	64.28	3.33	1.40	30.63	<16	45.8	0
风 2	224.89～227.00	7.55	44.61	46.57	13.18	11.52	12.13	0.40	67.33	4.16	1.23	26.42	61	29.5	0
风 3	237.96～240.40	3.18	53.03	45.23	12.04	11.00	11.56	0.95	67.50	5.23	0.97	24.28	81	5.1	0

通过上表可知：煤经过风化后，灰分、挥发分、水分普通增高，发热量降低，元素分析中的碳含量降低，氧含量增高，透光率降低，腐殖酸含量增高。

串草圪旦煤矿矿区的煤经风化还有另一种现象，即煤层层位被泥岩、铝土质泥岩或黏土岩所代替，这种现象在准格尔煤层浅部比较常见。

5.1.4.2 钻探成果

将煤的风氧化带边界确定为以煤层露头内推 60m，在有钻孔控制处，两孔之间的二分之一处圈定风氧化带的边界。

本矿区煤层共有 6 层，自上而下依次编号为 4、5、6、$9_{上}$、9 及 $9_{下}$，其中 $9_{下}$ 号煤层为不可采煤层。根据煤矿建设及开采需要，各煤层及相应风氧化带分布情况如下。

1）4 号煤层

4 号煤层厚度及风氧化带分布情况详见图 5-3。

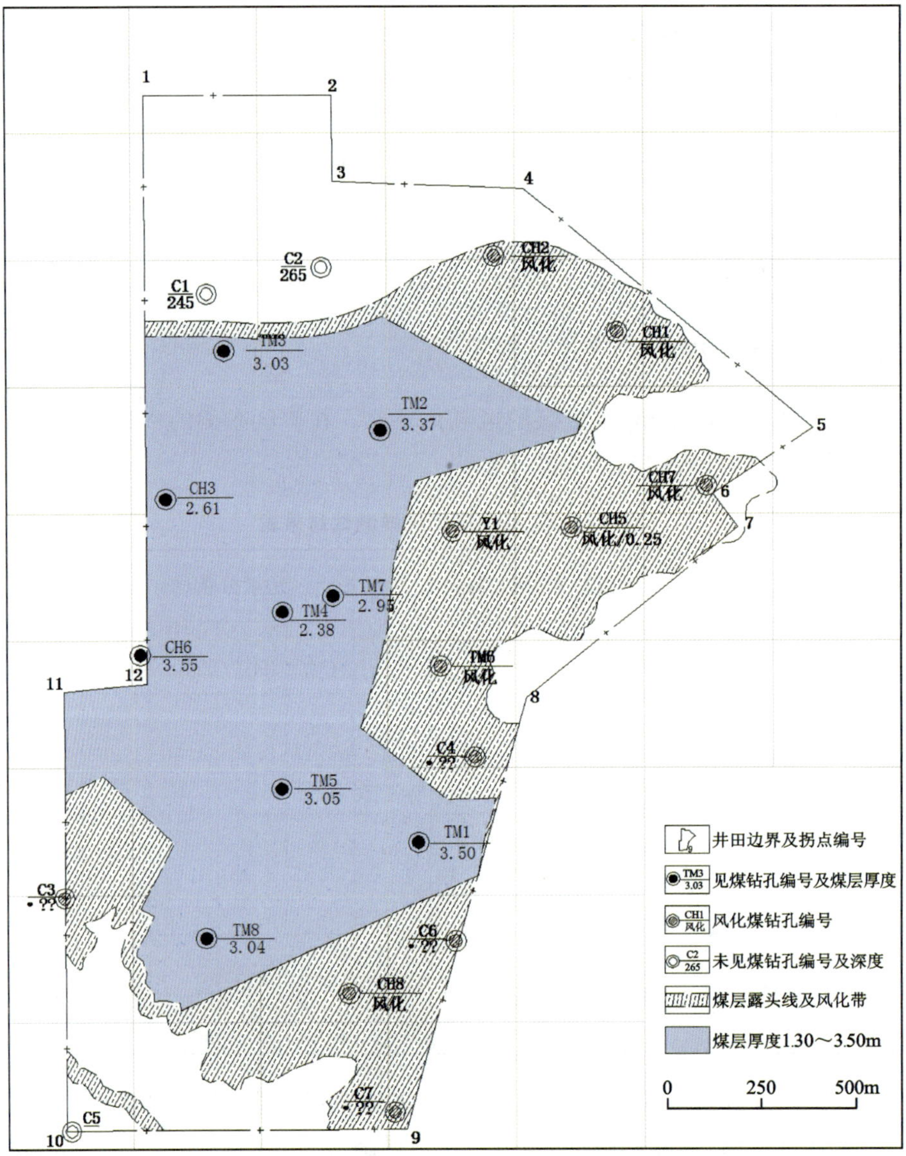

图 5-3　4 号煤层厚度及风氧化带分布示意图

2)5 号煤层

5 号煤层厚度及风氧化带分布情况详见图 5-4。

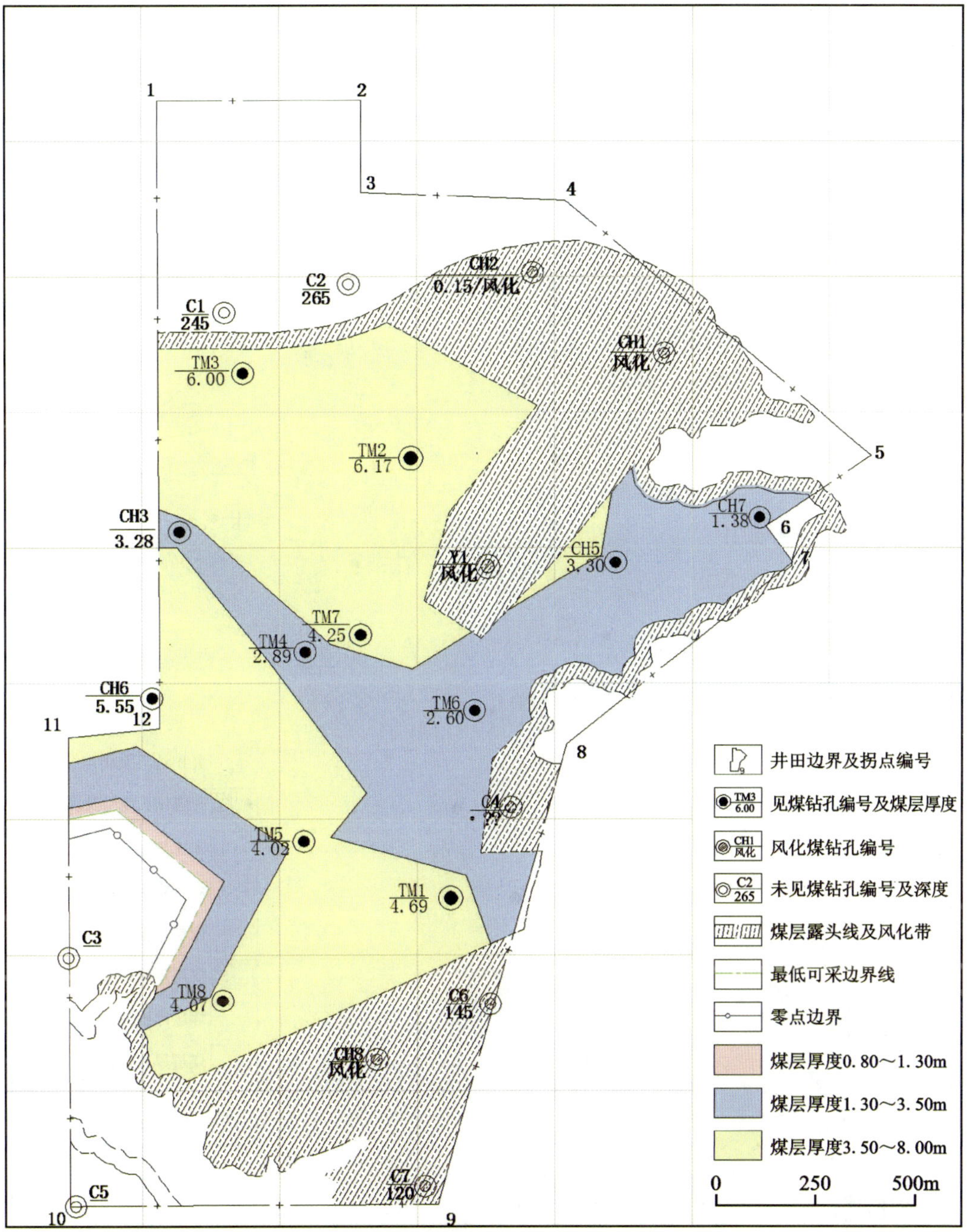

图 5-4　5 号煤层厚度及风氧化带分布示意图

3)6 号煤层

6 号煤层厚度及风氧化带分布情况详见图 5-5。

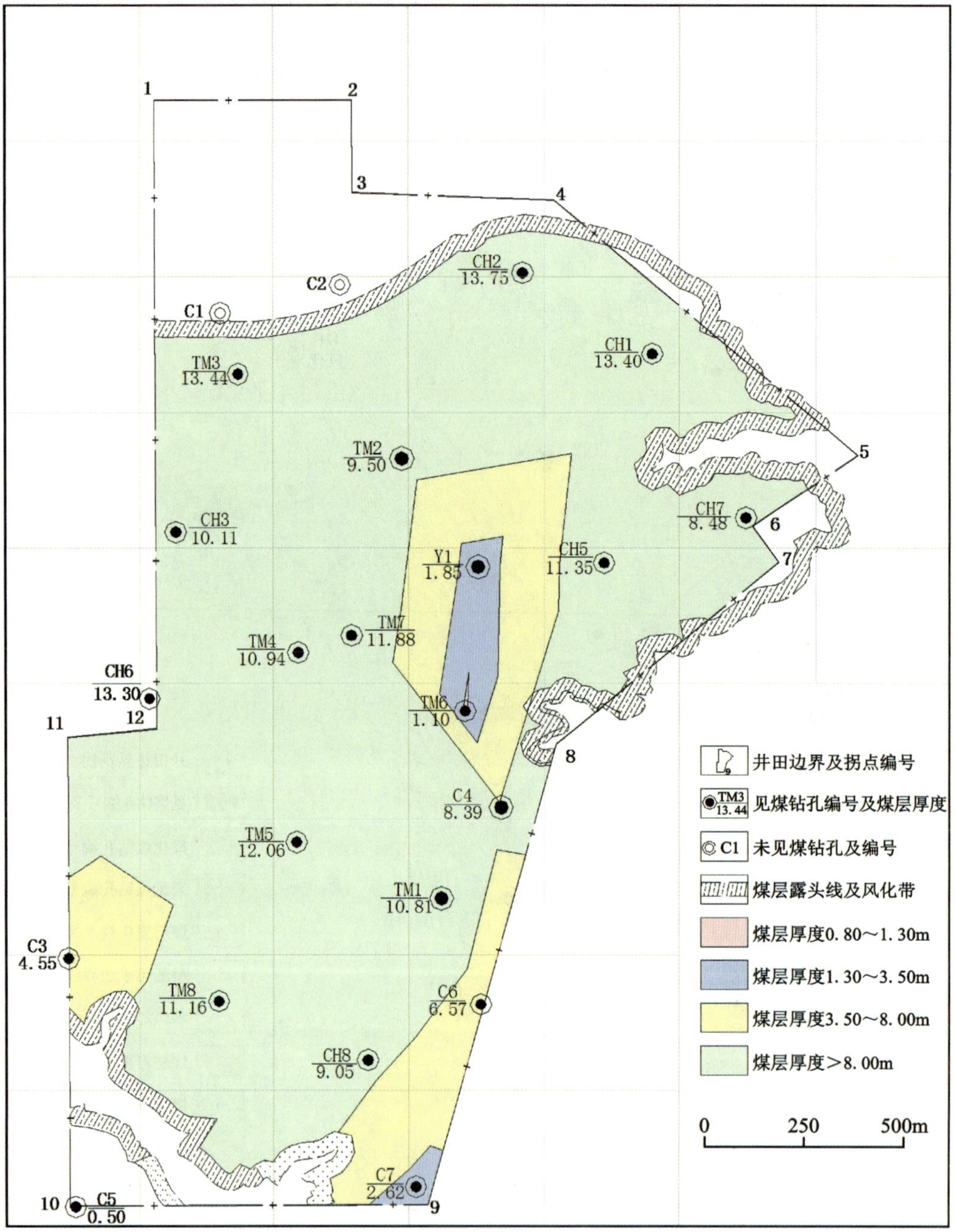

图 5-5　6 号煤层厚度及风氧化带分布示意图

4)9上号煤层

9上号煤层厚度及风氧化带分布情况详见图 5-6。

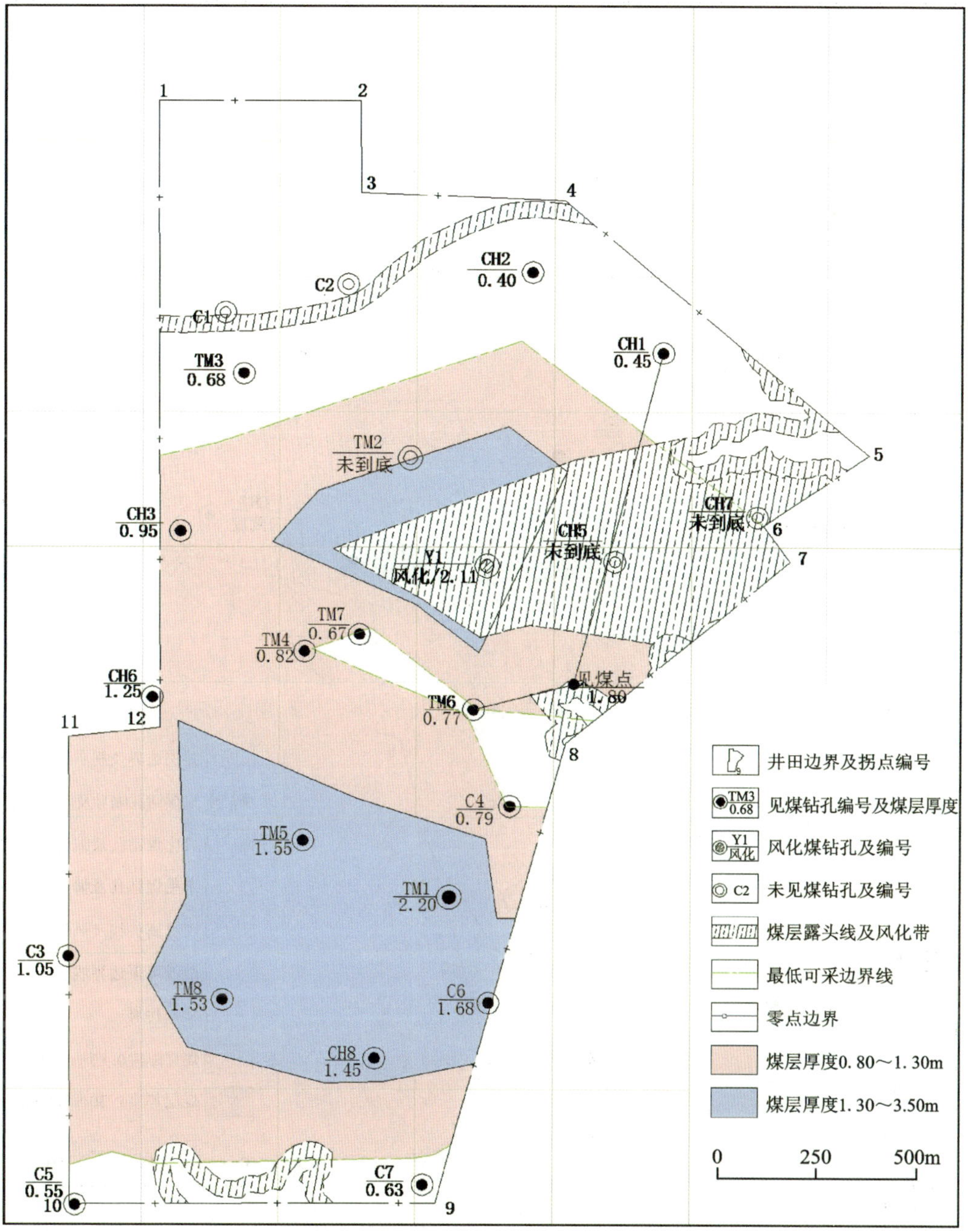

图 5-6　9上号煤层厚度及风氧化带分布示意图

5)9 号煤层

9 号煤层厚度及风氧化带分布情况详见图 5-7。

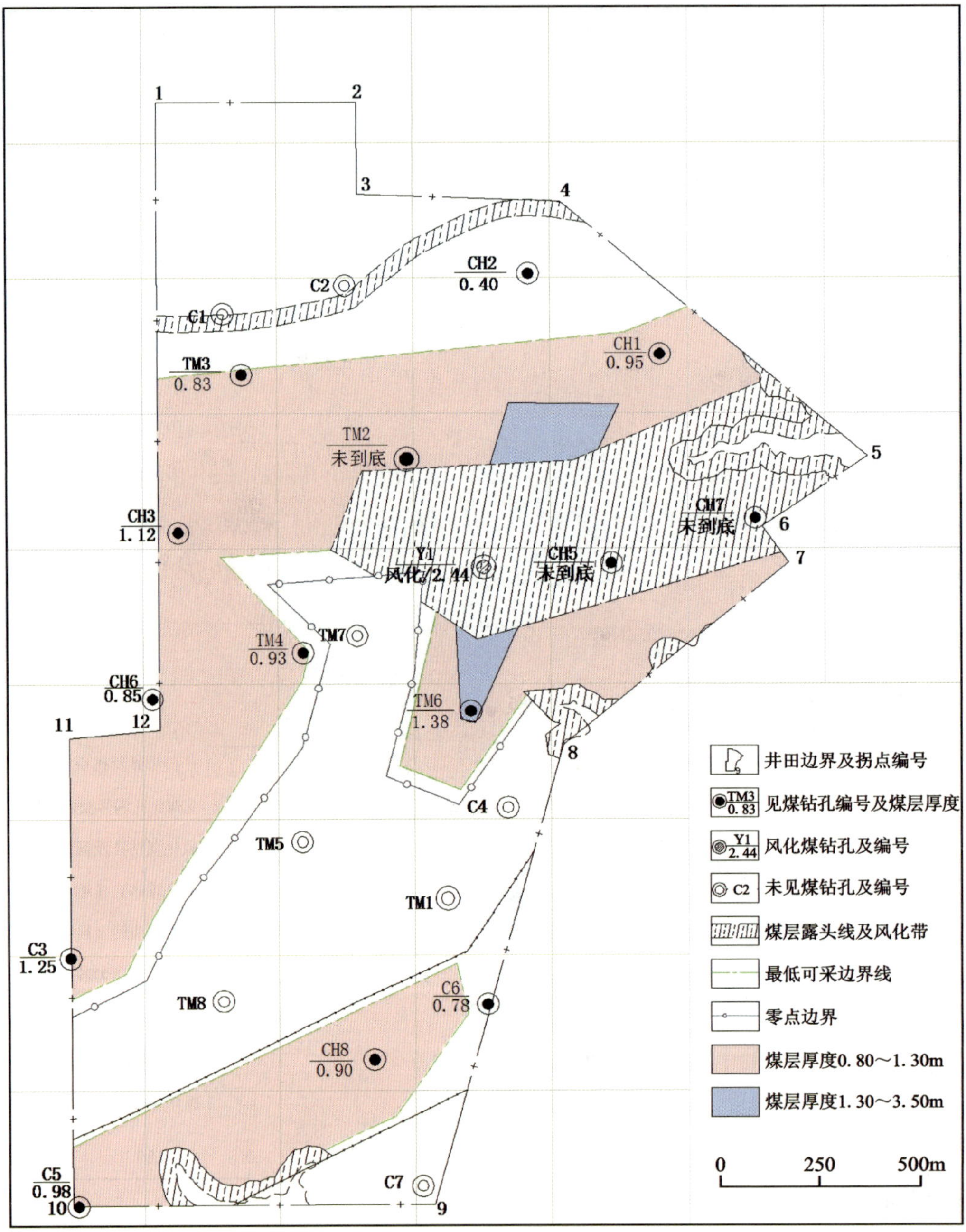

图 5-7　9 号煤层厚度及风氧化带分布示意图

5.1.4.3 物探成果

在全矿区钻探探查风氧化带范围的基础上，本次工作针对矿区东部开展了物探探查。

正常地层条件下，目标层位附近反演电阻率平面图中电阻率值变化幅度较小，表现为等值线稀疏、平缓和渐变；反之，若地层中存在局部地质异常体时，电性分布的均衡性被打破，平面图上表现为等值线的圈闭、密集条带等变形现象，即为异常区域。将电阻率相对低阻异常区投影至平面位置，综合已有地质和水文地质钻孔资料推断相对含/富水范围，并在异常平面图上用规定颜色对异常予以直观的标识和区分。

6 号煤层平均厚度约为 12m，其中山西组孔隙、裂隙含水层为 6 号煤层的直接充水含水层，因此在 6 号煤层上 60m 处抽取了一个平面，分析山西组孔隙、裂隙含水层的富水性；6100 东工作面北部区域存在双枣沟向斜构造和采掘情况不明的九坪煤矿、高窑沟煤矿以及实际踏勘时标定的老窑口，测区内存在小窑采空区。另外 6100 东工作面靠近井田东部 6 号煤层露头，煤层存在风氧化现象，因此在 6 号煤层附近抽取了一个平面，用来分析 6 号煤层的小窑采空区情况、风氧化情况。各平面相对 6 号煤层的位置如图 5-8 所示。另外根据本次瞬变电磁探测结果，并结合测区钻孔柱状图和收集到的地质勘探线推断了山西组含水层的顶界和底界，并利用推断的顶、底界标高计算了山西组含水层的厚度。

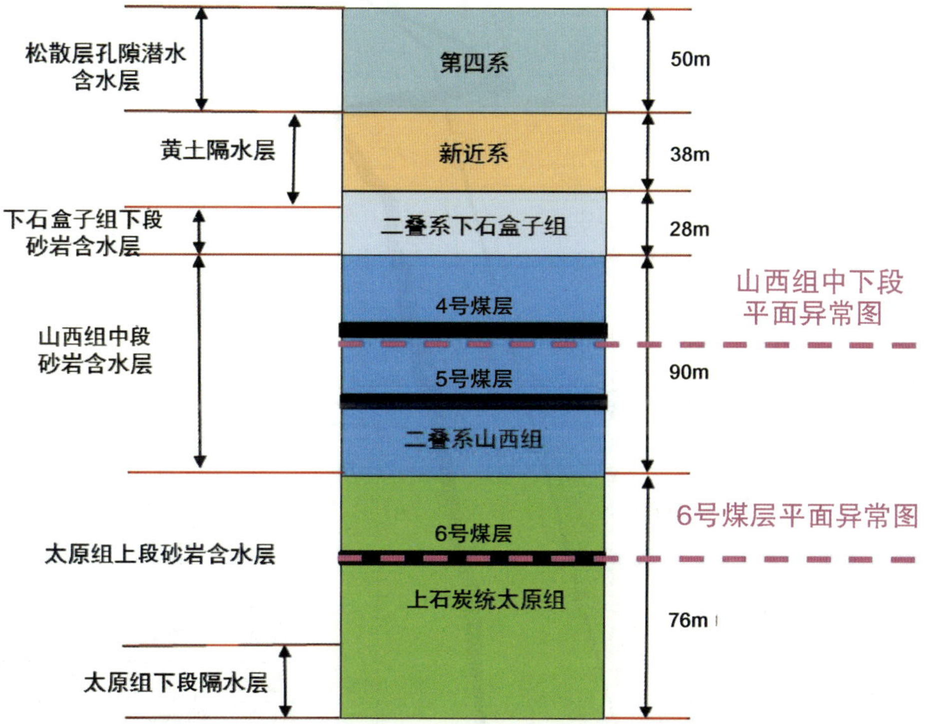

图 5-8 各平面相对 6 号煤层的位置关系示意图

各目标层附近反演电阻率平面异常图中用蓝色填充电阻率值较低的区域，红橙色填充电阻率值较高的区域，白色为过渡区域。蓝色粗虚线圈定了低阻异常区范围，并对低阻异常区进行了编号。另外各测线反演断面图和目标层反演电阻率平面图圈定的仅是相对低阻异常区,由于物探资料解释的多解性,低阻异常区的成因需要结合地质、水文、钻探、采掘工程等多方面的资料综合分析解释,以求获得最接近真实地质情况的推断成果。

下面对各平面图低阻异常分布及地质推断情况简述如下。

1)6 号煤层附近反演电阻率平面异常图

6 号煤层附近反演电阻率平面异常图如图 5-9 所示。在该层位共发现低阻异常区 3 处,分布特征如下。

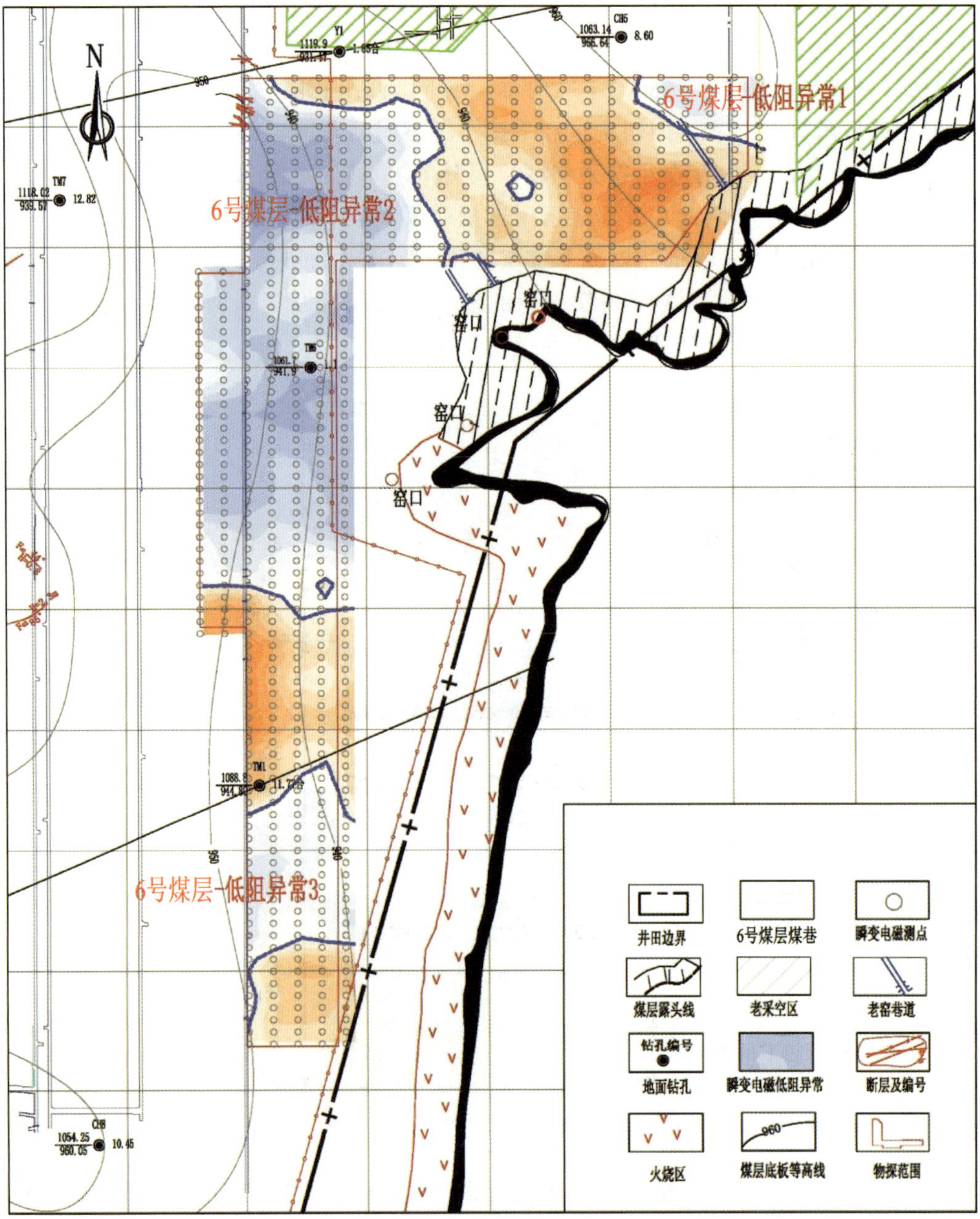

图 5-9　6 号煤层附近反演电阻率异常平面分布图

6号煤层-低阻异常1位于测区东北部，范围介于73～91线1#～10#测点之间，呈面状，面积约14 391m²，幅值较弱，异常可靠；该异常区附近存在已关闭的九坪煤矿，东部为已知采空区，推断该区域采空后，大气降水和地表水通过裂隙直接补给采空区，形成积水区，为瞬变电磁低阻反映特征。因此，综合推断该异常为6号煤层采空区积水的反映。

6号煤层-低阻异常2位于测区西北部，范围介于1～39线1#～85#测点之间，呈面状，面积约209 632m²，局部幅值强，异常可靠，由于测区东西向较窄，异常两边开口，有往外延伸的趋势；在现场踏勘时，发现在该异常区东部煤层露头线附近存在4个老窑口，所以推断该区域有被采空的可能；另外该异常区离东部煤层露头最近距离约为150m，区内沟谷和构造较发育，煤层风氧化可能性较大。因此，综合推断该异常为6号煤层采空区或者6号煤层风氧化区的反映。

6号煤层-低阻异常3位于测区南侧，范围介于9～25线117#～189#测点之间，呈面状，面积约29 992m²，局部幅值强，异常可靠，由于测区东西向较窄，异常两边开口，有往外延伸的趋势；该异常区离东部煤层露头最近距离约210m。另外从收集的井下探放水孔资料获悉，该区域煤层存在风氧化现象，所以综合推断该异常为6号煤层风氧化带的反映。

综上所述，勘探区内推断的风氧化带面积为0.21km²。

5.2 红树梁煤矿煤层风氧化带探测

5.2.1 矿区概况

红树梁煤矿是开滦集团在内蒙古投资建设的第一座特大型煤矿。

2014年8月20日，国土资源部(现自然资源部)颁发了红树梁煤矿的采矿许可证，井田呈不规则的多边形，东西长1.08～6.10km，南北宽1.85～6.00km，面积29.689 3km²，采用地下开采方式，主要可采煤层为4号、5号、6^{-1}号、6号、$9_{上}$号、9号、$9_{下}$号煤层，开采标高为820m～1066m。

5.2.1.1 自然地理

1)地形、地貌

井田地貌为典型的黄土高原侵蚀切割类型，地形起伏较大、沟深壁陡，植被稀少。井田东侧黄河由北向南流过，从高崖头西折经榆树湾、马栅向西流去。受黄河支流房塔沟向源侵蚀的影响，区内的“V”字形冲沟十分发育，呈树枝状分布，形成沟壑纵横、峁梁散布、支离破碎的地形特点。

井田内地形总体趋势是西北高、东南低，最高点位于鲍家峁，海拔标高1254m，最低点位于房塔沟与井田东界交点处，海拔标高930m，高差324m。一般地形标高在峁梁处1100～1250m、冲沟处1000～1050m，相对高差100～200m。

2)气候

区内属干旱与半干旱高原大陆性气候，以冬季严寒、夏季温热而短暂、春秋季气温变化剧烈、昼夜温差大为特征。年平均气温5.3～8.2℃，多年平均气温7.0℃左右；冬季1月气温－12.9～－10.8℃，夏季7月平均气温29.0℃左右；历史最高气温39.4℃(1955年7月23日)，最低气温－34℃(1954年2月28日)。

年降水量231.0～634.7mm，多年平均降水量408.0mm；年最大降水量636.5mm(1961年)，最小降水量142.5mm(1965年)；月最大降水量247.5mm，日最大降水量96.0mm(1959年8月3日)，小时最大降水量44.0mm(1979年6月29日)，10分钟最大降水量19.8mm(1981年)，次最大降水量88.1mm；降雨多集中在7—9月，占年降水量的64.72%。

区内蒸发强烈，年蒸发量1 324.7～2 896.1mm，多年平均蒸发量2 216.75mm；年最大蒸发量2 380.7mm(1972年)，最小蒸发量1 749.2mm(1964年)，最热月平均蒸发量357.9mm，最冷月平均蒸发量31.9mm。以4—8月蒸发量最大，年总蒸发量是降水量的5～8倍，平均相对湿度53.2%。最热月平均相对湿度60.4%，最冷月平均相对湿度54.5%。

结冰期为每年10月中旬至翌年4月下旬，约200d。年最大冻土深度1.5m，最大积雪深度0.15～2.0m。无霜期约150d，一般初霜日9月底，终霜日5月初。

区内受季风影响，冬春季多风，春季风力多4～6级，3、4月为大风期。风向以西风为主，冬季有西北风，夏季有偏东、偏南和东南风。风速一般16～20m/s，年平均风速2.3m/s，最大风速40m/s；全年超过17m/s风速有28d。年平均扬沙日32.8d，年平均沙暴日15.2d。

进入20世纪90年代，气候有所变化。气温有不同程度逐年增高的趋势，且季节性温差逐年减小，形成夏季持续高温干旱现象，最高气温达38℃。伴随着高温干旱的趋势，地区性扬沙天气和沙尘暴次数增多。最严重的是2000年，沙尘暴达12次之多，扬沙天气7次。

3)地震

根据《中国地震动参数区划图》(GB 18306—2015)划分，地震动峰值加速度为0.10g，相当地震烈度Ⅵ度。据内蒙古地震观测资料记载，1976年4月4日，距井田约100km的和林格尔县新店子发生了6.3级地震，波及到准格尔旗一带，地震烈度为Ⅵ度。据了解，本区无破坏性地震纪录。

4)河流水系

区内水系属黄河流域水系。黄河从准格尔煤田东缘和南缘流过，是距井田最近的地表水体。据黄河水利委员会头道拐水文站观测资料，水位标高最低984.52m(1978年7月20日)，最高990.33m(1981年9月26日)，河水流量最小55.2m^3/s(1980年6月27日)，最大5150m^3/s(1981年9月26日)。年平均含沙量5.74～24.30kg/m^3。黄河万家寨水库目前水位标高960m，最高水位标高980m，对位于水库以南的房塔沟沟口河段影响不大。

井田内主要沟谷为罐子沟，其他沟谷大部为其支沟。平时沟谷内干涸无水，或仅有溪流，雨季可形成短暂洪流，汇入房塔沟后流出区外，然后注入黄河。

5.2.1.2　四邻关系

井田四周有煤层出露或埋藏很浅。在勘探阶段，内蒙古自治区煤田地质局 117 勘探队调查到井田内及其外围东、北部有生产小窑 8 处(表 5-2)，位于井田内 3 个。据以往资料显示，8 个生产小窑主要为个体或集体经营，季节性生产。所产煤炭多为满足当地居民生活所需，少量外运销售。井田开拓方式为平硐开拓，采煤方法为巷采，爆破落煤，预留煤柱支护，以小型机动车运输为主，电石灯照明，自然通风。据调查，区内小煤窑从未发生过瓦斯及煤尘爆炸事故。矿井涌水量小，无需排水或仅简单排水设备即能维持正常生产。生产过程中，厚煤层只采中段，顶、底留部分煤作护顶和护底煤，回采率极低。目前均已全部政策性关闭，见图 5-10。

表 5-2　井田周边生产小窑一览表

编号	煤层	煤层厚度(m)	建井时间	年产量(t)	采空范围(m^2)	备注
4	5	4.40	不清	9000	90 000	井田内
5	5	4.40	1995 年投产	5000	3400	井田内
8	6	4.40	不清	不定	14 000	井田内
3	6	3.50	1996 年投产	7000	不清	外围
13	6	3.50	不清	4000	720 000	外围
26	6	3.30	在建	未出煤		外围
18	5	3.50	1995 年报废	200	16 882	外围
19	6	5.57	1994 年报废		9068	外围

图 5-10　井田内已关闭老窑现场及井口

井田北部是正在生产的罐子沟井田和罐子沟露天矿田，西北部为小塔沟露天矿田及麻地梁井田，南部与巨能井田接壤，西部紧邻榆树湾勘查区，东部紧邻串草圪旦井田(图 5-11)。

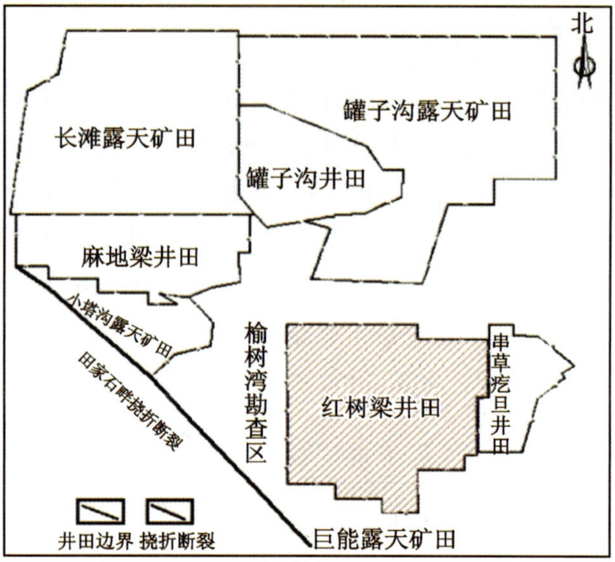

图 5-11　红树梁煤矿四邻关系

5.2.2　矿区地质

5.2.2.1　地层

井田范围内被新生界松散沉积物(黄土和风积沙等)广泛覆盖,新生界出露不多,仅较大冲沟中及冲沟两侧有基岩出露。井田内地层层序自上而下依次为:第四系全新统(Qh),上更新统马兰组(Qpm),新近系上新统(N_2),下二叠统下石盒子组(P_1x)、山西组(P_1s),上石炭统太原组(C_3t),中石炭统本溪组(C_2b),中奥陶统马家沟组(O_2m),下奥陶统亮甲山组(O_1l)。

5.2.2.2　构造

本井田位于准格尔煤田南端,总体构造型态为一宽缓的不对称向斜构造,向斜北翼岩层产状较陡,南翼宽缓。岩煤层的产状,主要受近东西向老赵山梁背斜和与之相伴生的双枣沟向斜的影响,地层走向近东西向,向斜两翼倾角 6°～8°。在井田西侧,有一南北向的松树墕背斜,受其影响双枣沟向斜在井田内西仰东倾。

1)褶皱

(1)老赵山梁背斜:轴部主要位于井田北界以外,总体呈东西向延伸,井田附近呈向南凸出的弧形,延伸长度约 20km。轴部出露奥陶系灰岩和本溪组,两翼为含煤地层。北翼倾角平缓,一般 5°左右;南翼倾角较陡,一般 10°～15°。受老赵山梁背斜的影响,井田北部边缘地带形成剥蚀无煤区域。

(2)双枣沟向斜:与老赵山梁背斜相伴生,主导井田内岩煤层的产状。向斜轴部位于井田北部,第 2～2′勘探线附近,呈近东西向延伸,延伸长度约 8km,为一不对称向斜构造,其北翼倾角较陡,一般 8°～10°,南翼倾角平缓,一般 4°～6°。轴部地面出露下石盒子组。

据以往地质调查,双枣沟向斜位于 YJ13 和 Y3 钻孔西南,为一不对称向斜构造,与老赵山梁背斜相伴生,是勘探区内主导煤层产状的主要构造;双枣沟向斜北翼煤层倾角较陡,倾角 3°～6°,煤层倾向南西;向斜南翼倾角平缓,倾角 1°～2°,煤层倾向北西,局部地方倾角增大;在西南部受松树焉背斜的影响倾角较陡,为 6°～7°,煤层倾向南东。

(3)松树焉背斜:轴部位于井田西侧,呈近南北向延伸,长 4km 左右;轴部含煤地层被剥蚀,新生界直接覆盖于本溪组之上,两翼倾角较小,产状平缓。井田西南部煤岩层走向有所改变,呈东南—北西向;井田内双枣沟向斜西仰东倾,西部煤层抬升变浅。

2)断层

在补勘阶段,BK-1 钻孔基岩界面附近有地层重复的现象,疑似逆断层(落差约 17m),断层倾向、倾角及延深尚不确定。

3)其他构造

井田内 BK-37 钻孔无任何煤层出现,且地层多为已风化的紫红色砂质泥岩、黄褐色粗砂岩互层出现,底部 192～200m 附近出现卵石层。该孔西部约 80m 处有基岩出露点,并且地层倾角突增至 30°,但该钻孔附近的 BK-30(东距 474m)、BK-36(西距 495m)钻孔均无任何异常出现。通过已有地质资料分析,BK-37 钻孔揭露地层疑似为再沉积地层。

5.2.2.3　煤层

井田内含煤地层主要为上石炭统太原组和下二叠统山西组,地层特点分述如下。

太原组(C_3t):由灰色砂岩,深灰色、灰黑色砂质泥岩,泥岩,泥质灰岩及煤组成。含煤 5 层,即 6^{-1} 号、6 号、$9_上$ 号、9 号、$9_下$ 号煤层,$9_上$ 号煤层局部可采,9 号煤层大部分可采,$9_下$ 号煤层局部可采,6^{-1} 号煤层大部可采,6 号煤层全区可采。本组地层平均总厚 56.42m,含煤平均总厚 13.69m,含煤系数 24.26%;可采煤层平均总厚 11.48m,含煤可采系数 20.35%。

山西组(P_1s):由灰—灰白色中细砂岩,深灰色、灰黑色砂质泥岩,泥岩和煤层组成,含煤 2 层,即 4 号、5 号煤层,其中 4 号煤层局部可采,5 号煤层局部可采。本组地层平均总厚 69.02m,含煤平均总厚 8.61m,含煤系数 12.52%,可采煤层平均总厚 7.02m,含煤可采系数 10.21%。

太原组、山西组含煤情况见表 5-3。

1)4 号煤层

4 号煤层位于山西组中部,煤层自然厚度 0.4～8.05m,平均厚度 5.36m;煤层可采厚度 0.80～6.60m,平均厚度 3.80m;含矸 0～9 层,含矸石厚度 0～4.44m,矸石为泥岩、砂质泥岩;属简单—复杂结构煤层,局部可采,属较稳定型中厚—厚煤层;距其下 5 号煤层 10.07～41.25m,平均 23.82m。

表 5-3 各煤层厚度、夹矸、层间距一览表

煤系地层	含煤系数(%)	煤层号			自然厚度(m) 最小—最大平均(采样点数)	可采厚度(m) 最小—最大平均(采样点数)	夹矸总厚度(m) 最小—最大层数	层间距(m) 最小—最大平均(采样点数)	可采性	稳定程度
山西组	12.52	4			0.40～8.05 5.36(48)	0.80～6.60 3.80(46)	0～4.44 0～9	10.07～41.25 23.82(46)	局部可采	较稳定
		5			0.55～8.30 4.41(51)	1.15～6.75 3.94(48)	0～1.70 0～6	8.70～30.87 20.34(28)	局部可采	较稳定
太原组	24.26	6煤	分叉区	6^{-1}	2.43～11.52 6.99(37)	2.35～11.09 6.46(33)	0～3.17 0～4	1.00～18.74 9.91(37)	大部可采	较稳定
				6	1.70～9.70 5.45(63)	1.60～8.45 4.68(58)	0～2.57 0～7		全区可采	较稳定
			合并区	6	10.20～20.20 15.19(35)	2.05～18.00 12.79(35)	0～4.33 0～14	2.13～24.43 11.02(21)		
		9煤		$9_上$	0.24～2.70 1.23(50)	0.50～2.31 1.32(36)	0～0.80 0～3	0.75～12.82 2.66(46)	局部可采	不稳定
				9	0.35～2.96 1.19(88)	0.80～2.06 1.13(70)	0～1.70 0～3	0.72～8.28 2.66(55)	大部分可采	较稳定
				$9_下$	0.25～3.16 1(60)	0.64～2.31 1.17(35)	0～1.4 0～2		局部可采	不稳定

2)5 号煤层

5 号煤层位于山西组下部,煤层自然厚度 0.55～8.30m,平均厚度 4.41m;煤层可采厚度 1.15～6.75m,平均厚度 3.94m;含矸 0～6 层,含矸石厚 0～1.70m,矸石为泥岩、砂质泥岩;属复杂结构煤层,局部可采,属较稳定型中厚—厚煤层;距其下 6^{-1} 号煤层 8.70～30.87m,平均 20.34m。6^{-1}号与 6 号煤层合并时,5 号与 6 号煤层间距一般 20～30m。

3)6^{-1}号和 6 号煤层

(1)6^{-1}号煤层(为 6 号煤层的分叉煤层):位于太原组顶部,煤层自然厚度2.43～11.52m,平均厚度 6.99m;煤层可采厚度 2.35～11.09m,平均厚度 6.46m;含矸 0～4 层,含矸石厚 0～3.17m,矸石平均厚度 0.90m,矸石为泥岩、砂质泥岩、炭质泥岩;煤层结构简单—较复杂,属大部分可采的较稳定型中厚—特厚煤层;距 6 号煤层 1.00～18.74m,平均 9.91m。

(2)6 号煤层:位于太原组上部,分叉区 6 号煤层总厚度 1.70～9.70m,平均 5.45m;可采厚度 1.60～8.45m,平均 4.68m;含矸 0～7 层,含矸厚 0～2.57m。合并区 6 号煤层总厚 10.20～20.20m,平均 15.19m;可采厚度 2.05～18.00m,平均 12.79m;含矸 0～14 层,含矸厚

0.0～4.33m，矸石为泥岩、砂质泥岩、碳质泥岩；煤层结构较复杂，属全区可采的较稳定型中厚—特厚煤层；6 号煤层距其下 $9_{上}$ 号煤层 2.13～24.43m，平均 11.02m。

4)$9_{上}$号和 9 号煤层

(1)$9_{上}$号煤层：位于太原组中、下部，是 9 号煤层的分叉煤层。煤层自然厚度 0.24～2.70m，平均厚度 1.23m；煤层可采厚度 0.5～2.31m，平均厚度 1.32m；含矸 0～3 层，含矸厚 0～0.8m；一般为单一煤层，夹矸为砂质泥岩；煤层结构简单，属局部可采的不稳定型薄煤—中厚煤层；距其下 9 号煤层 0.75～12.82m，平均 2.66m。

(2)9 号煤层：位于太原组中部，煤层自然厚度 0.30～2.96m，平均厚度 1.19m；煤层可采厚度 0.80～2.06m，平均厚度 1.13m；含矸 0～3 层，含矸厚 0～1.70m，一般为单一煤层，夹矸为砂泥岩；煤层结构较简单，属大部分可采的较稳定型薄—中厚煤层；距其下 $9_{下}$号煤层 0.72～8.28m，平均 3.12m。

(3)$9_{下}$号煤层：位于太原组中部，煤层自然厚度 0.25～3.16m，平均厚度 1m；煤层可采厚度 0.64～2.31m，平均厚度 1.17m；含矸 0～2 层，含矸厚 0～1.40m，一般为单一煤层，夹矸为砂泥岩；煤层结构较简单，属局部可采的不稳定型薄煤层。

通过资料分析，首采区(一盘区)内中、北部出现 6 号煤层明显变厚，并且 6^{-1}号煤层尖灭的现象，出现 6^{-1}与 6 号煤层合并、分叉的情况。合层区 6 号煤层厚度 11.31～20.20m，平均厚度 15.38m。

同样 9 号煤层也存在合并、分叉的情况，但由于煤层较薄，$9_{上}$号、$9_{下}$号煤层赋存呈分散状分布，无律可循，属不稳定煤层，目前暂时无法分析其合并、分叉变化规律。

5.2.3 勘查方法与工程布置

矿区主要采用水文地质钻探、地球物理测井、采样测试、抽水试验和工程测量等相结合的综合勘查手段，其中针对风氧化带的勘查手段为钻探和物探。

1)物探工程布置

(1)2007 年三维地震布置：共计完成勘探控制面积 5 km^2，施工面积 6.5 km^2，完成生产物理点 7109 个，试验物理点 55 个，总物理点 7164 个。线束数 16 束，接收线条数 86 条，激发线条数 80 条。

(2)2008 年三维地震布置：共计完成勘探控制面积 3 km^2，施工面积 5 km^2，完成设计生产物理点 4316 个，加密物理点 124 个，试验物理点 50 个，总物理点 4490 个。线束数 19 束，接收线条数 103 条，激发线条数 104 条。

(3)2020 年三维地震布置：共完成线束数 65 束，勘探面积 3.0 km^2，完全覆盖面积 3.057 km^2，生产物理点 3006 个。

2)钻探工程布置

钻探工程施工遵循“由已知到未知、由浅入深、由疏到密”的原则，充分利用原有的勘查成果，满足施工目的和要求的同时做到一孔多用，部分钻孔既是探煤钻孔同时又是水文钻孔及工程地质钻孔。为了提高工作效率，各阶段钻孔均采用平行施工法进行施工，同时辅以地球物理测井、抽水试验、采样测试和工程测量等。区内共布设钻孔 45 个，钻探进尺 11 197.59m，其中 5 个钻孔为水文钻孔兼探煤钻孔，其他 41 个钻孔均为探煤钻孔。地球物理测井钻孔 40

个，累计实测 9 935.45m。各钻孔布置目的明确，各钻探工程布置经施工验证是合理、有效的。

5.2.4 勘探成果

5.2.4.1 物探成果

利用以往的物理勘探成果及分析研究，结合本次勘探记录分析如下：煤层经风氧化之后其颜色、结构、硬度等物理性质发生明显变化，因此正常煤层和风氧化煤层与其围岩在横向波阻抗特征上存在明显差异；在时间剖面上表现为反射波振幅减弱，频率突变，连续性变差，与钻孔资料结合解释为风氧化带。

1)2007 年三维地震勘探成果

三维地震勘探圈定 3 处煤层风氧化带，各煤层有所差别。

(1)4 号煤层风氧化带：4 号煤解释风氧化带有 3 处，分别是勘探区Ⅰ区的 Y7 钻孔附近，风氧化面积约 0.1km^2；勘探区Ⅰ区的 YJ08 钻孔附近，风氧化面积约 0.22km^2；勘探区Ⅱ区北部 DF24 断层下盘，面积约 0.83km^2。

(2)5 号煤层风氧化带：5 号煤解释风氧化带有 2 处，分别是勘探区Ⅰ区的 Y7 钻孔附近，面积约 0.095km^2；勘探区Ⅱ区北部 DF24 断层下盘，面积约 0.85km^2。

(3)6^{-1}号煤层风氧化带：6^{-1}号煤解释风氧化带有 2 处，分别是勘探区Ⅰ区的 Y7 钻孔附近，面积约 0.090km^2；勘探区Ⅱ区北部 DF24 断层下盘，面积约 0.68km^2。

(4)6 号煤层风氧化带：6 号煤解释风氧化带有 1 处，位于勘探区Ⅱ区北部，面积约 0.41km^2。

2)2008 年三维地震勘探成果

三维地震勘探圈定 3 处煤层风氧化带，各煤层有所差别。

(1)4 号煤层风氧化带：4 号煤解释风氧化带有 2 处，分别是勘探区甲区的 YJ20 钻孔附近，面积约 0.15km^2；勘探区乙区面积约 0.78km^2。

(2)5 号煤层风氧化带：5 号煤解释风氧化带有 2 处，分别是勘探区甲区的 YJ20 钻孔附近，面积约 0.12km^2；勘探区乙区面积约 0.60km^2。

(3)6^{-1}号煤层风氧化带：6^{-1}号煤解释风氧化带有 1 处，勘探区乙区南部，面积约 0.32km^2。

(4)6 号煤层风化带：6 号煤解释风氧化带有 1 处，位于勘探区乙区南部，面积约 0.3km^2。

3)2020 年三维地震勘探成果

6 号煤层解释了一个风氧化带，位于探查区西南部。

图 5-12 和图 5-13 为地震时间剖面图，红线范围内为风氧化带，反射波由较正常变弱。BK-9 位置反射波异常弱，钻孔资料显示上部为风化煤；同样见 BK-20 处，钻孔资料显示上部为风化煤，红线范围内反射轴较正常轴变弱。通过钻孔资料与时间剖面相结合圈定风氧化带，面积约 0.63km^2。

利用以往资料和探查的物理勘探成果，汇总分析红树梁煤矿各煤层的物探成果，见图 5-14～图 5-16。

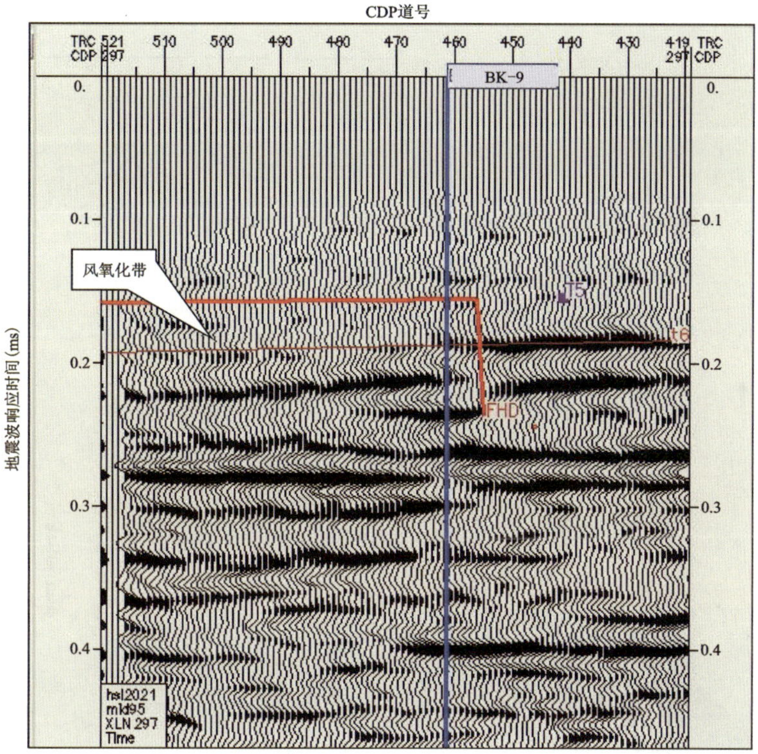

图 5-12　6 号煤层风氧化带 BK-9 钻孔在时间剖面上的反映

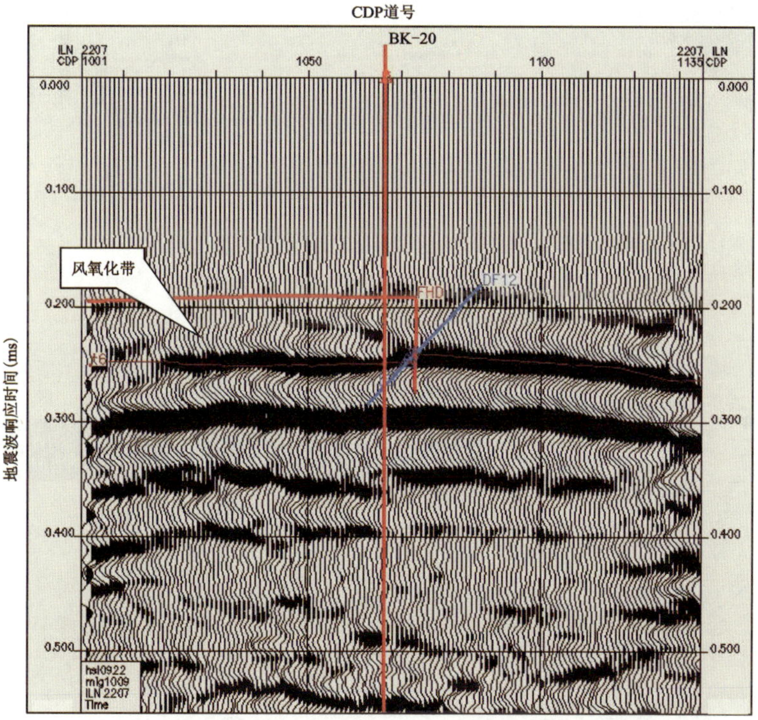

图 5-13　6 号煤层风氧化带 BK-20 钻孔在时间剖面上的反映

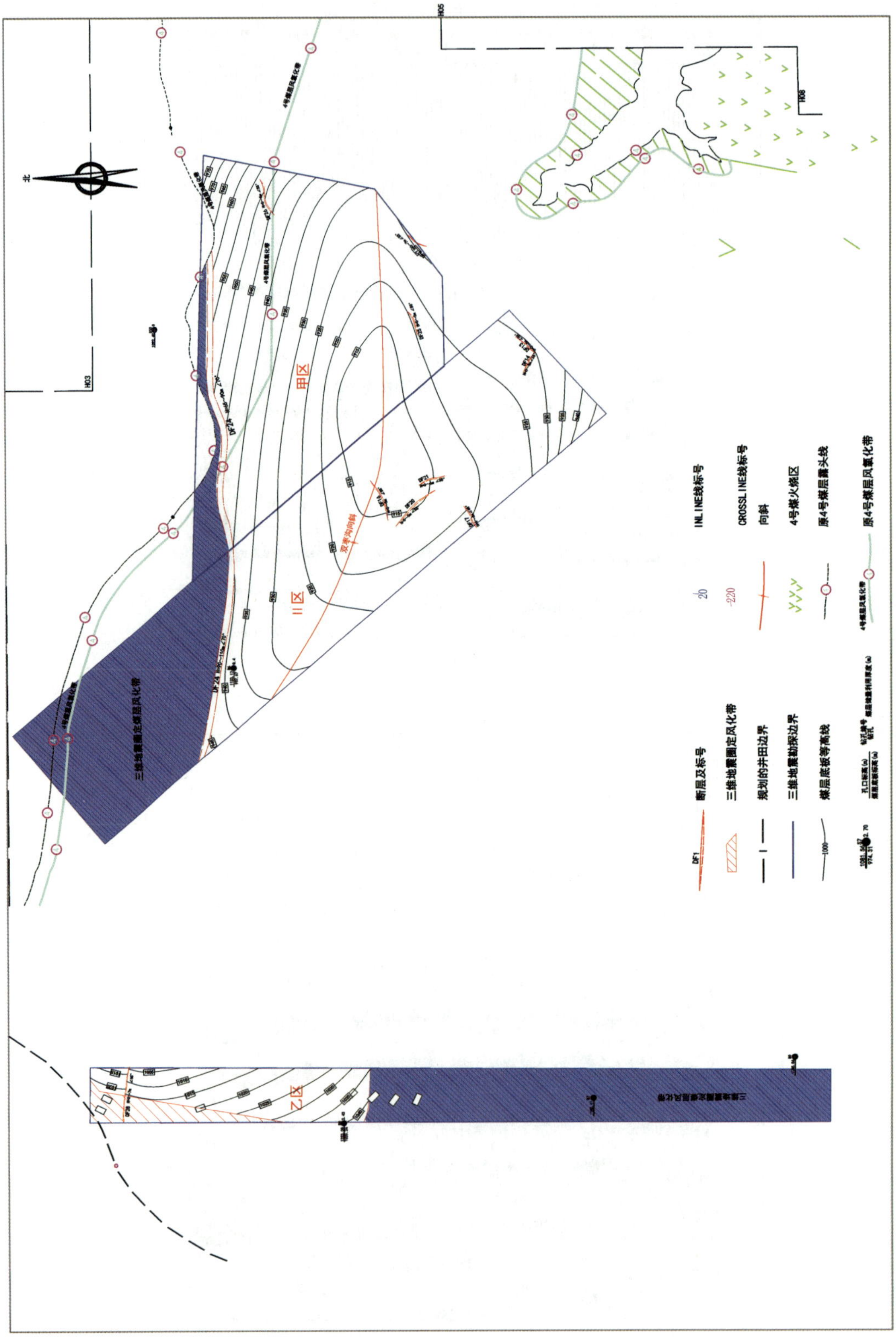

图5-14 红树梁煤矿4号煤层风氧化带分布图

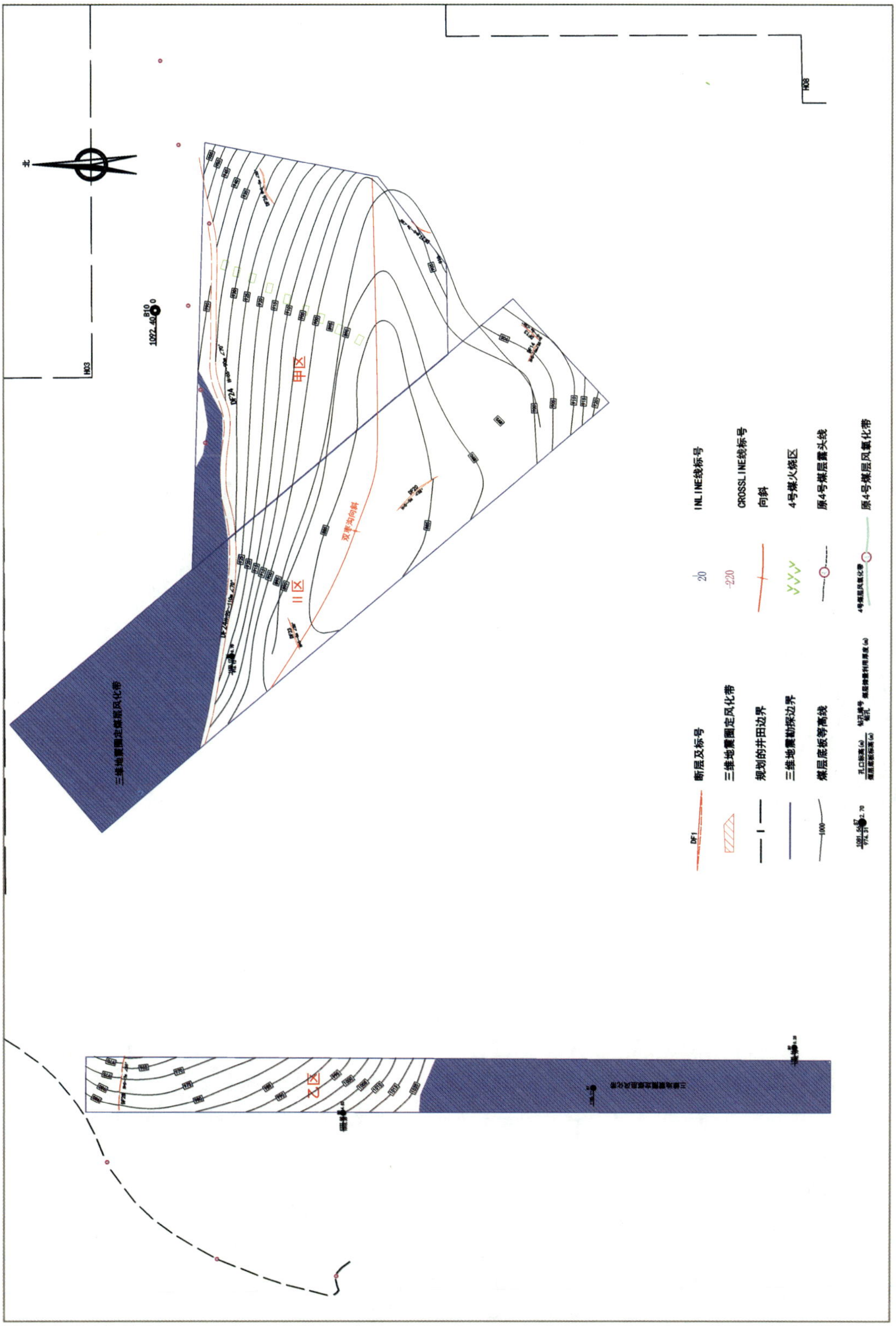

图5-15　红树梁煤矿5号煤层风氧化带分布图

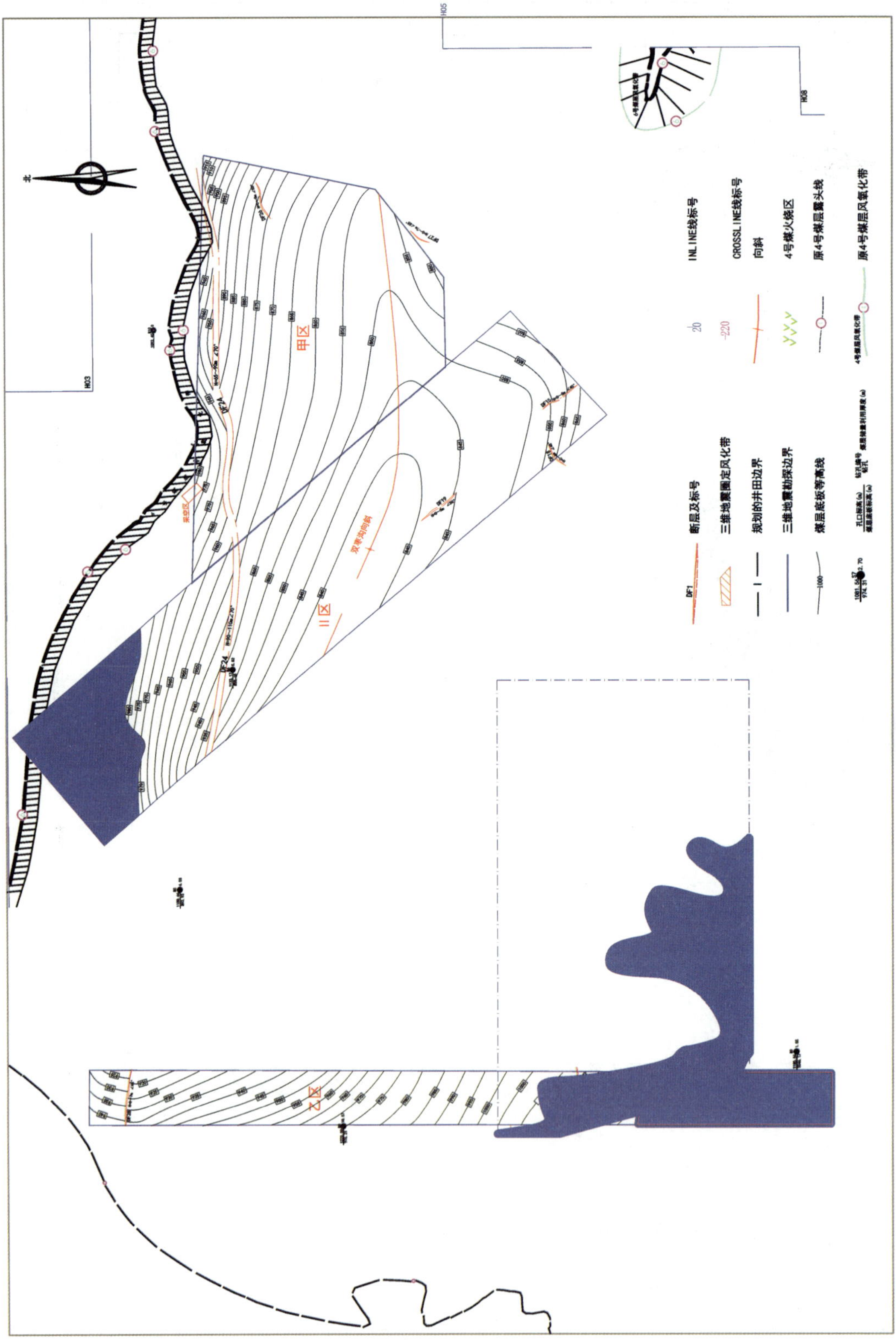

图5-16 红树梁煤矿6号煤层风氧化带分布图

5.2.4.2　测井成果

根据测井综合成果图显示，煤层风氧化带的密度曲线逐渐变小，短源距伽马伽马曲线逐渐变大，自然伽马曲线逐渐变小；密度曲线与未风化岩石的基本相同，但比正常煤层的要小（图 5-17、图 5-18）。

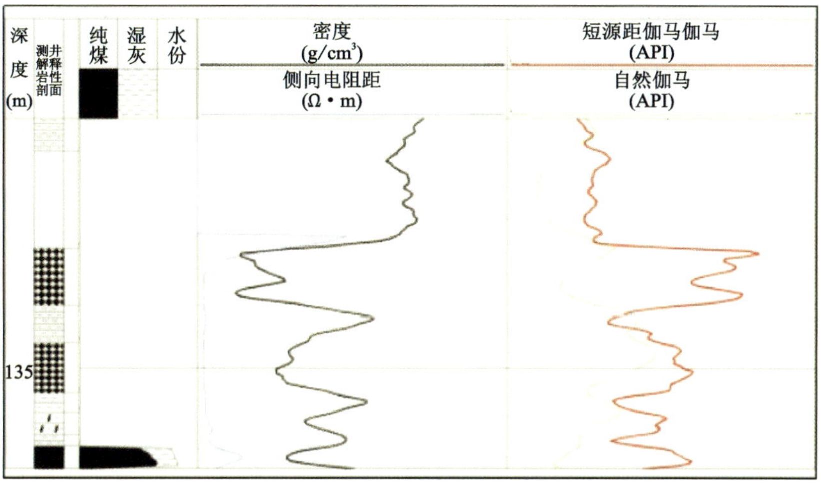

图 5-17　BK-3 钻孔测井曲线图

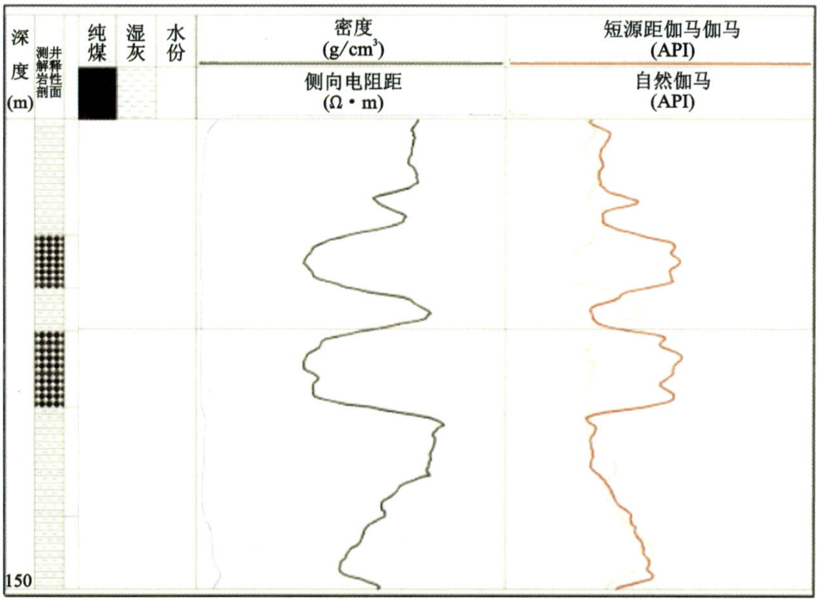

图 5-18　BK-1 钻孔测井曲线图

5.2.4.3　钻探成果

1）钻孔取芯统计分析

项目共施工 45 个钻孔，结合测井曲线和钻孔岩芯鉴定资料综合分析风化剥蚀面性质，基本确定了红树梁煤矿风氧化带的深度、厚度和大体位置，其中 GC-1、GC-2 水文地质钻孔处于勘探区范围外，不作为风氧化带钻孔分析，揭露风氧化带的钻孔 14 个(表 5-4)。由于本次勘探一盘区 4 号、5 号煤层分布不稳定(只在东北区域出现)，现对主要可采煤层 6 号、6^{-1}号煤层风氧化带厚度、深度及范围进行如下评述。

表 5-4　补勘钻孔煤层风氧化带统计一览表

钻孔	煤层	煤层情况(m)		揭露煤层风氧化带情况(m)	
		起止深度	厚度	起止深度	厚度
BK-1	6^{-1}	143.21～146.51	3.30	143.21～146.51	3.30
	6	151.34～154.63	3.29		
BK-2	4	119.60～124.19	4.59	119.60～124.19	4.59
BK-3	4	132.59～140.40	7.81	132.59～135.50	2.91
	5	160.21～164.43	4.22		
	6^{-1}	187.29～195.82	8.53		
	6	206.43～211.96	5.53		
BK-5	5	176.13～177.48	1.35	176.13～177.48	1.35
	6^{-1}	196.48～204.20	7.72		
	6	211.98～218.60	6.62		
BK-6	6	150.79～162.98	12.19	150.79～152.32	1.53
BK-8	6^{-1}	105.81～108.50	2.69	105.81～108.50	2.69
	6	119.29～124.65	5.36		
BK-9	6	150.15～166.27	16.12	150.15～154.07	3.92
BK-12	6	156.85～171.77	14.92	156.85～160.64	3.79
BK-13	5	137.23～137.82	0.59	137.23～137.82	0.59
	6	160.74～163.99	3.25	160.74～162.39	1.65
BK-14	6	96.03～100.50	4.47	96.03～98.53	2.5
BK-16	6	127.60～134.85	7.25	127.60～132.75	5.15
BK-17	6	135.65～141.04	5.39	135.65～137.81	2.16
BK-18	5	125.47～126.47	1.00	125.47～126.47	1.00
	6^{-1}	139.48～140.33	1.15	139.48～140.33	1.15
	6	154.20～153.90	1.70	154.20～155.20	1.00
BK-20	6	138.42～142.51	4.09	138.42～139.98	1.56
BK-22	6	66.47～74.10	7.63	66.47～68.47	2.00
BK-25	6^{-1}	113.49～117.11	3.62	113.69～114.16	1.27

续表 5-4

钻孔	煤层	煤层情况(m)		揭露煤层风氧化带情况(m)	
		起止深度	厚度	起止深度	厚度
BK-26	6^{-1}	133.49～141.18	7.69	133.49～141.18	7.69
BK-27	4	151.30～155.80	4.50	151.30～155.80	4.50
	5	190.86～192.29	1.43	190.86～192.29	1.43
BK-29	4	159.41～163.85	4.44	159.41～163.85	4.44
	5	198.16～200.60	2.44	199.97～200.60	0.63
	$9_{上}$	249.73～250.85	1.12	249.73～250.85	1.12
	9	252.60～254.48	1.88	252.60～254.48	1.88
	$9_{下}$	255.48～256.16	0.68	255.48～256.16	0.68
BK-35	4	154.55～158.46	3.91	154.55～158.46	3.91
	5	189.25～191.10	1.85	189.25～191.10	1.85

2)勘探钻孔揭露煤层风氧化带情况

根据钻孔取芯情况分析，一盘区勘探共有 20 个钻孔出现不同程度的煤层风氧化现象，详细情况如下。

(1)BK-1 钻孔：根据钻探取芯及测井情况综合分析，风化煤层为 6^{-1} 号煤层，风化位置 143.21～146.51m，厚度 3.30m，全层风化。

泥岩：灰黑色，泥质结构，厚层状，块状构造，以泥质为主，泥质胶结，质地松软，岩芯破碎，位于煤层顶板位置，厚度 0.47m。

风化煤：黑色，灰褐色条痕，质轻，弱风化，多呈粉末状、泥状(图 5-19)。

图 5-19　BK-1 钻孔 6^{-1} 号煤层及顶板风氧化带岩芯

(2)BK-2 钻孔：根据钻探取芯及测井情况综合分析，风化煤层为 4 号煤层，风化位置 119.60～124.19m，厚度 4.59m，全层风化。

高岭质泥岩：灰白色，泥质结构，厚层状块状构造，以泥质、高岭质为主，泥质胶结，平坦状断口，质地松软，局部有水侵蚀面，下部风化，呈粉末状，岩芯破碎，位于煤层顶板位置(图 5-20)。

风化煤：褐色夹黑色，质轻，泥质含量较高，弱风化，多呈泥状，破碎(图 5-21)。

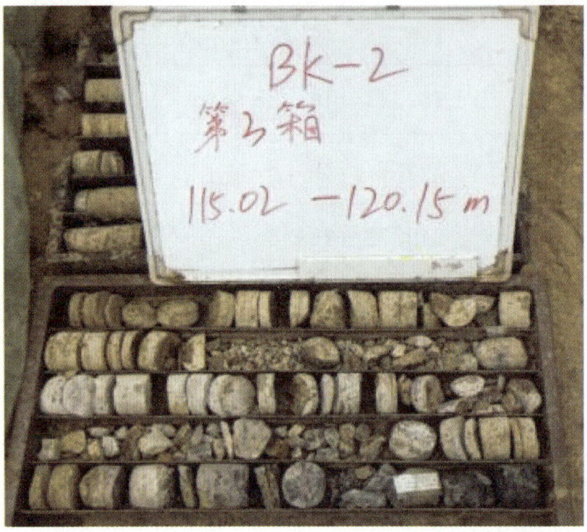

图 5-20　BK-2 钻孔 4 号煤层顶板高岭质泥岩

图 5-21　BK-2 钻孔 4 号煤层风氧化带岩芯

(3)BK-3 钻孔：根据钻探取芯及测井情况综合分析，风化煤层为 4 号煤层，风化位置 132.59～135.50m，厚度 2.91m，顶部风化。

风化煤：黑色，灰褐色条痕，质轻，整体破碎，弱风化，多呈粉末状(图 5-22)。

图 5-22　BK-3 钻孔 4 号煤层及顶板风氧化带岩芯

(4)BK-5 钻孔：根据钻探取芯及测井情况综合分析，风化煤层为 5 号煤层及其顶板，风化位置 176.13～177.48m，厚度 1.35m，全层风化。

泥岩：红褐色，泥质结构，厚层状，块状构造，以泥质为主，泥质胶结，质地松软，岩芯破碎，位于煤层顶板位置，厚度 0.19m。

风化煤：褐色夹黑色，质轻，以泥质为主，全风化，多呈泥状，破碎(图 5-23)。

图 5-23　BK-5 钻孔 5 号煤层及顶板风氧化带岩芯

(5)BK-6 钻孔：根据钻探取芯及测井情况综合分析，风化煤层为 6 号煤层(6^{-1}号与 6 号合层)及其顶板，风化位置 150.79～152.32m，厚度 1.53m，顶部风化，高岭质泥岩位置 146.70～150.78m，厚度 4.08m。

高岭质泥岩：灰白色，泥质结构，厚层状，块状构造，以泥质、高岭质为主，泥质胶结，平坦状断口，质地松软，局部有水侵蚀面，下部风化，呈粉末状，岩芯破碎，位于煤层顶板位置。

风化煤：黑色，质轻，松软，强风化，多呈块状、泥状，破碎(图 5-24)。

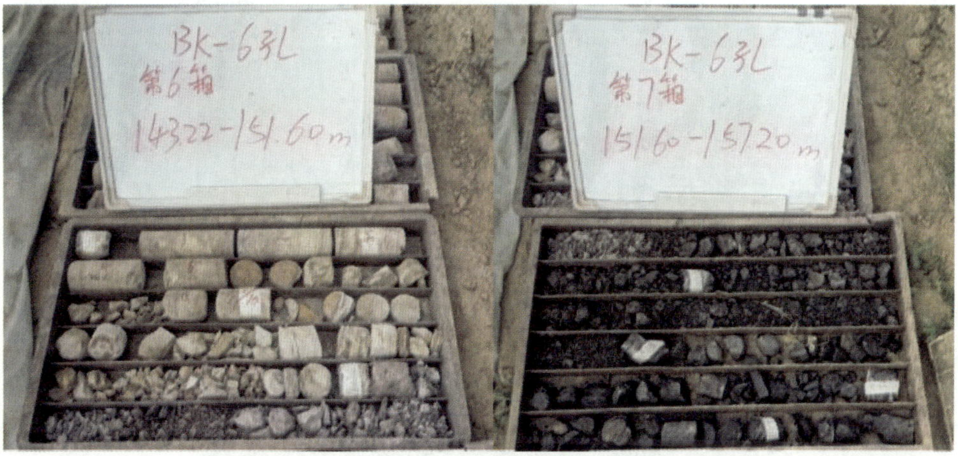

图 5-24　BK-6 钻孔煤层及顶板风氧化带岩芯

(6)BK-8 钻孔：根据钻探取芯及测井情况综合分析，风化煤层为 6^{-1} 号煤层及其顶板，风化位置 105.81～108.50m，厚度 2.69m，全层风化。高岭质泥岩位置 99.69～105.90m，厚度 6.26m。

高岭质泥岩：灰白色，泥质结构，厚层状，块状构造，以泥质、高岭质为主，泥质胶结，平坦状断口，质地松软，遇水膨胀，局部有水侵蚀面，呈块状，岩芯破碎，位于煤层顶板位置。

风化煤：褐色夹黑色，质轻，以泥质为主，全风化，多呈泥状、粉状，破碎(图 5-25)。

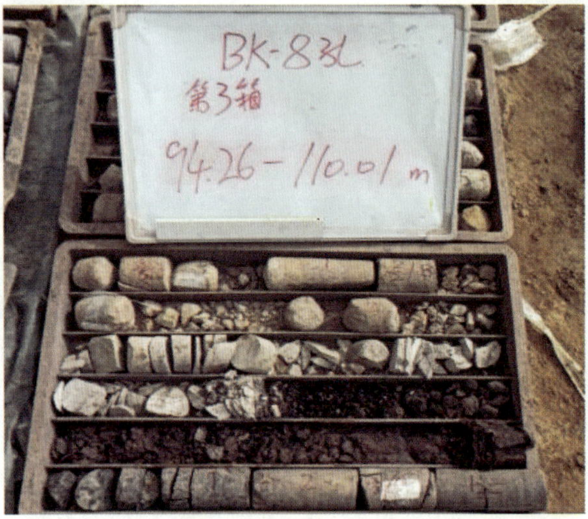

图 5-25　BK-8 钻孔 6^{-1} 号煤层及顶板风氧化带岩芯

(7)BK-9 钻孔：根据钻探取芯及测井情况综合分析，风化煤层为 6 号煤层(6^{-1} 号、6 号煤层合层)，风化位置 150.15～154.07m，厚度 3.92m，顶部风化。

泥岩：黄褐色，泥质结构，厚层状，块状构造，以泥质为主，泥质胶结，质地松软，岩芯破碎，位于煤层顶板位置，厚度 0.35m。

风化煤：黑色，质轻，松软，弱风化，多呈粉状，破碎(图 5-26)。

图 5-26　BK-9 钻孔 6 号煤层及顶板风氧化带岩芯

(8)BK-12 钻孔：根据钻探取芯及测井情况综合分析，风化煤层为 6 号煤层(6^{-1}号、6 号煤层合层)，风化位置 156.85～160.64m，厚度 3.79m，顶部风化，顶板为粗砂岩，无风化现象，相对完整。

风化煤：黑色，质轻，松软，弱风化，多呈粉状、短柱状，破碎(图 5-27)。

图 5-27　BK-9 钻孔煤层及顶板风氧化带岩芯

(9)BK-13 钻孔：根据钻探取芯及测井情况综合分析，风化煤层为 5 号、6 号煤层及其顶板。5 号煤层风化位置 137.23～37.82m，厚度 0.59m，全层风化；高岭质泥岩位置 134.68～137.40m，厚度 2.72m。6 号煤层风化位置 160.74～162.39m，厚度 1.65m，顶部风化。

高岭质泥岩：灰白色，泥质结构，厚层状，块状构造，以泥质、高岭质为主，泥质胶结，平坦状断口，质地松软，遇水膨胀，局部有水侵蚀面，呈块状，岩芯破碎，位于 5 号煤层顶板位置。

5 号煤层(风化)：褐色夹黑色，质轻，以泥质为主，全风化，多呈短柱状、泥状(图 5-28)。

泥岩：黄褐色，泥质结构，厚层状，块状构造，以泥质为主，泥质胶结，质地松软，岩芯破碎，位于 6 号煤层顶板位置，厚度 0.78m。

6 号煤层(风化)：黑色，质轻，松软，弱风化，多呈短柱状，粉状，破碎(图 5-29)。

图 5-28　BK-13 钻孔 5 号煤层及顶板风氧化带岩芯

图 5-29　BK-13 钻孔 6 号煤层及顶板风氧化带岩芯

(10)BK-14 钻孔：根据钻探取芯及测井情况综合分析，风化煤层为 6 号煤层，风化位置 96.03～98.53m，厚度 2.5m，顶部风化。

风化煤：黑色，质轻，松软，微风化，多呈粉状，破碎(图 5-30)。

图 5-30　BK-14 钻孔 6 号煤层及顶板风氧化带岩芯

(11)BK-16 钻孔：根据钻探取芯及测井情况综合分析，风化煤层为 6 号煤层，风化位置 127.60～132.75m，厚度 5.15m，顶部风化。

风化煤：黑色，质轻，松软，强风化，多呈粉状、泥状，破碎(图 5-31)。

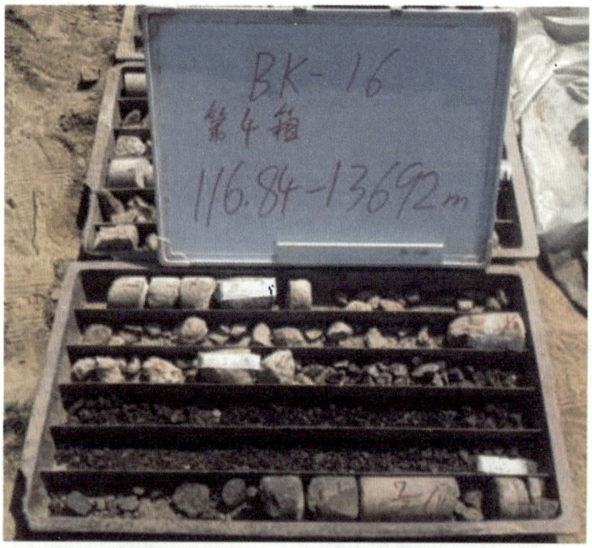

图 5-31　BK-16 钻孔 6 号煤层及顶板风氧化带岩芯

(12)BK-17 钻孔：根据钻探取芯及测井情况综合分析，风化煤层为 6 号煤层及其顶板，风化位置 135.65～137.81m，厚度 2.16m，顶部风化。高岭质泥岩位置 125.31～134.12m，厚度 8.81m。

高岭质泥岩：灰白色，泥质结构，厚层状，块状构造，以泥质、高岭质为主，泥质胶结，平坦状断口，质地松软，遇水膨胀，局部有水侵蚀面，呈块状，岩芯破碎，位于煤层顶板位置。

风化煤：黑色，质轻，强风化，多呈泥状、粉状，破碎(图 5-32)。

图 5-32　BK-17 钻孔 6 号煤层及顶板风氧化带岩芯

(13)BK-18 钻孔：根据钻探取芯及测井情况综合分析，风化煤层为 5 号、6^{-1}号、6 号煤层及其顶板。5 号煤层风化位置 125.47～126.47m，厚度 1.00m，全层风化；高岭质泥岩位置 123.82～125.47m，厚度 1.65m。6^{-1}号煤层风化位置 139.48～140.33m，厚度 1.15m，全层风化。6 号煤层风化位置 154.20～155.20m，厚度 1m，顶部风化。

高岭质泥岩：灰白色，泥质结构，厚层状，块状构造，以泥质、高岭质为主，泥质胶结，平坦状断口，质地松软，遇水膨胀，局部有水侵蚀面，呈块状，岩芯破碎，位于 5 号煤层顶板位置。

5 号煤层(风化)：褐色夹黑色，质轻，以泥质为主，全风化，多呈短柱状、泥状(图 5-33)。

6^{-1}号煤层(风化)：黄褐色夹黑色，质轻，以泥质为主，全风化，多呈泥状(图 5-34)。

6 号煤层(风化)：黑色，质轻，松软，强风化，多呈短柱状、块状，破碎(图 5-35)。

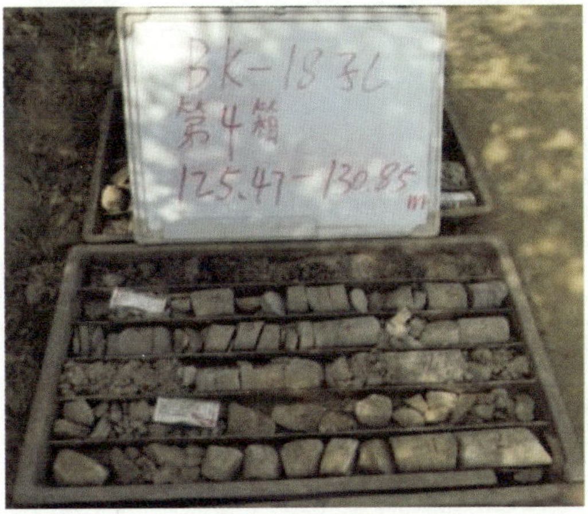

图 5-33　BK-18 钻孔 5 号煤层及顶板风氧化带岩芯

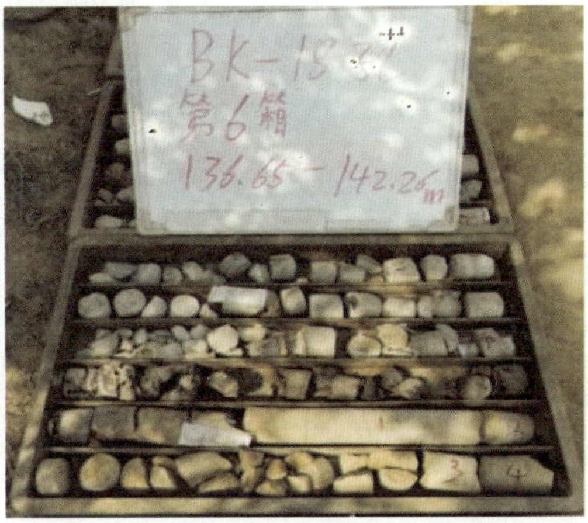

图 5-34　BK-18 钻孔 6^{-1}号煤层及顶板风氧化带岩芯

图 5-35 BK-18 钻孔 6 号煤层及顶板风氧化带岩芯

(14)BK-20 钻孔:根据钻探取芯及测井情况综合分析,风化煤层为 6 号煤层及其顶板,风化位置 138.42～139.98m,厚度 1.56m,顶部风化;高岭质泥岩位置 134.20～138.61m,厚度 4.41m。

高岭质泥岩:灰白色,泥质结构,厚层状,块状构造,成分以泥质、高岭质为主,泥质胶结,平坦状断口,质地松软,遇水膨胀,局部有水侵蚀面,呈块状、短柱状,岩芯破碎,位于煤层顶板位置。

风化煤:黑色,质轻,弱风化,多呈泥状、粉状,破碎(图 5-36)。

图 5-36 BK-20 钻孔 6 号煤层及顶板风氧化带岩芯

(15)BK-22 钻孔:根据钻探取芯及测井情况综合分析,风化煤层为 6 号煤层,风化位置 66.47~68.47m,厚度 2.00m,顶部风化。

风化煤:黑色,质轻,松软,中等风化,多呈粉状、泥状,破碎(图 5-37)。

图 5-37　BK-22 钻孔 6 号煤层及顶板风氧化带岩芯

(16)BK-25 钻孔:根据钻探取芯及测井情况综合分析,风化煤层为 6^{-1} 号煤层及其顶板,风化位置 113.49~114.16m,厚度 1.27m,上部风化,强风化。高岭质泥岩位置 111.20~113.49m,厚度 2.29m。

高岭质泥岩:灰白色,软土状,厚层状,块状构造,主要成分为高岭质及泥质,松软,平坦状断口,洁白细腻,岩芯破碎,风化,位于 6^{-1} 号煤层顶板位置。

6^{-1} 号煤层(风化):黑色,灰褐色条痕,质轻,多呈粉末状、泥状(图 5-38)。

图 5-38　BK-25 钻孔 6^{-1} 号煤层及顶板风氧化带岩芯

(17)BK-26 钻孔:根据钻探取芯及测井情况综合分析,风化煤层为 6^{-1} 号煤层,风化位置 133.49~141.18m,厚度 7.69m,全层风化,弱风化。

6^{-1} 号煤层(风化):黑色,全部风化,灰褐色条痕,质轻(图 5-39)。

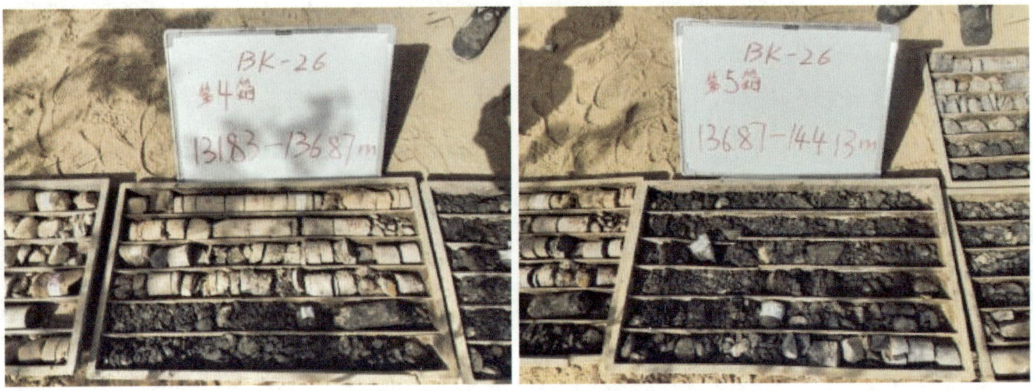

图 5-39　BK-26 钻孔 6^{-1} 号煤层及顶板风氧化带岩芯

(18)BK-27 钻孔：根据钻探取芯及测井情况综合分析，风化煤层为 4 号、5 号煤层，风化位置为 4 号煤层 151.30～155.80m，厚度 4.50m，全层风化。5 号煤层 190.86～192.29m，厚度 1.43m，全层风化。

4 号煤层(风化)：灰黑色，含泥质，质轻，弱风化。

5 号煤层(风化)：紫黑色，泥质含量高，质轻，强风化。

(19)BK-29 钻孔：根据钻探取芯及测井情况综合分析，风化煤层为 4 号、5 号、$9_{上}$号、9 号、$9_{下}$号煤层及其顶板。4 号煤层风化位置为 159.61～163.85m，厚度 4.44m，全层风化，强风化。5 号煤层风化位置 199.97～200.60m，厚度 0.63m，底部风化。$9_{上}$ 号煤层风化位置 249.73～250.85m，厚度 1.12m，全层风化，强风化。9 号煤层风化位置 252.60～254.48m，厚度1.88m，全层风化，强风化。$9_{下}$ 号煤层风化位置 255.48～256.16m，厚度 0.68m，全层风化，强风化。

4 号煤层(风化)：黑紫色，泥状，质轻，呈泥状，弱风化(图 5-40)。

5 号煤层(风化)：黑色，灰褐色条痕，质轻，底部 0.63m 风化，强风化(图 5-41)。

$9_{上}$ 号煤层(风化)：黑紫色，强风化，质轻，破碎，呈泥状(图 5-42)。

9 号煤层(风化)：黑紫色夹黄褐色，强风化，质轻，破碎，呈泥状(图 5-42)。

$9_{下}$ 号煤层(风化)：黑紫色，强风化，质轻，破碎，呈泥状(图 5-42)。

图 5-40　BK-29 钻孔 4 号煤层及顶板风氧化带岩芯

图 5-41　BK-29 钻孔 5 号煤层及顶板风氧化带岩芯

图 5-42　BK-29 钻孔 $9_{上}$号、9 号、$9_{下}$号煤层及顶板风氧化带岩芯

(20)BK-35 钻孔:根据钻探取芯及测井情况综合分析,风化煤层为 4 号、5 号煤层。风化位置 4 号煤层154.55～158.46m,厚度 3.91m,全层风化;5 号煤层 189.25～191.10m,厚度 1.85m,全层风化。

4 号煤层(风化):灰黑色,含泥质,质轻,弱风化(图 5-43)。

5 号煤层(风化):紫黑色,泥质含量高,质轻,强风化(图 5-44)。

图5-43　BK-35 钻孔 5 号煤层及顶板风氧化带岩芯

图5-44　BK-35 钻孔 5 号煤层及顶板风氧化带岩芯

通过以上煤层风化资料及岩芯照片可以看出,多数钻孔煤层上部的岩石风化严重,岩芯破碎,并且 BK-6、BK-8、BK-17、BK-20、BK-25 钻孔 6 号煤层或 6^{-1} 号煤层顶板均有一厚层状高岭质泥岩,质软,易风化破碎,遇水膨胀,不利于井下生产顶板支护。

勘探区内煤层风化带岩性多为泥岩类。泥岩类的风化会使其下部煤层的物性随之改变,由此而发生了煤层风氧化现象,虽然煤层的构造与物理性质几乎没有变化,但与下部未风化煤层相比,其化学性质已经发生改变,不利于开采。

煤层风氧化带变化趋势:通过资料分析可以看出,位于勘探区西南部的 BK-18、BK-16、BK-17 钻孔,东南部的 BK-13 钻孔 6 号煤层风化情况严重,北部 BK-20、BK-6 、BK-12 钻孔,东北部的 BK-22 钻孔 6 号煤层风化情况相对较轻,到东北部 BK-4、BK-19、BK-21、BK-7 钻孔等 6 号煤层无风化出现。结合该地区地层(煤层)走向、倾向、沉积、钻孔布置图等资料,可以判断6号煤层风氧化带变化趋势:由西南到西北,风化程度由重到轻。

6号煤层风氧化带范围:本次补勘目的煤层为6号煤层,4号、5号煤层大部分已经风化,6^{-1}号、6号煤层局部风化。故风化范围的圈定以6号煤层为主,分析如下。

北部边界BK-6、BK-12钻孔6号煤层顶部风化,BK-31钻孔及其北部钻孔均未见6号煤层风化,且BK-31钻孔与BK-12钻孔距离较近,因此判断合层区6号煤层风化界线位于BK-31钻孔与BK-12钻孔之间。

东部边界BK-14、BK-13、BK-22钻孔6号煤层顶部均出现风化,但BK-8、BK-15、BK-10钻孔煤层未风化,通过位置关系判断风化界线位于BK-14、BK-22钻孔与BK-10钻孔之间。

东南部地区,结合已有钻孔资料分析,风化界线位于BK-13钻孔以东。

西北部边界BK-9钻孔6号煤层顶部风化,BK-1、BK-23、BK-11钻孔及以北钻孔均未出现6号煤层风化情况,因此判断风化界线位于BK-9钻孔与BK-23钻孔之间。

本次补勘推测出6号煤层(主采煤层)风氧化带范围,为井下生产提供了可靠资料。一盘区6号煤层风化范围见图5-45。

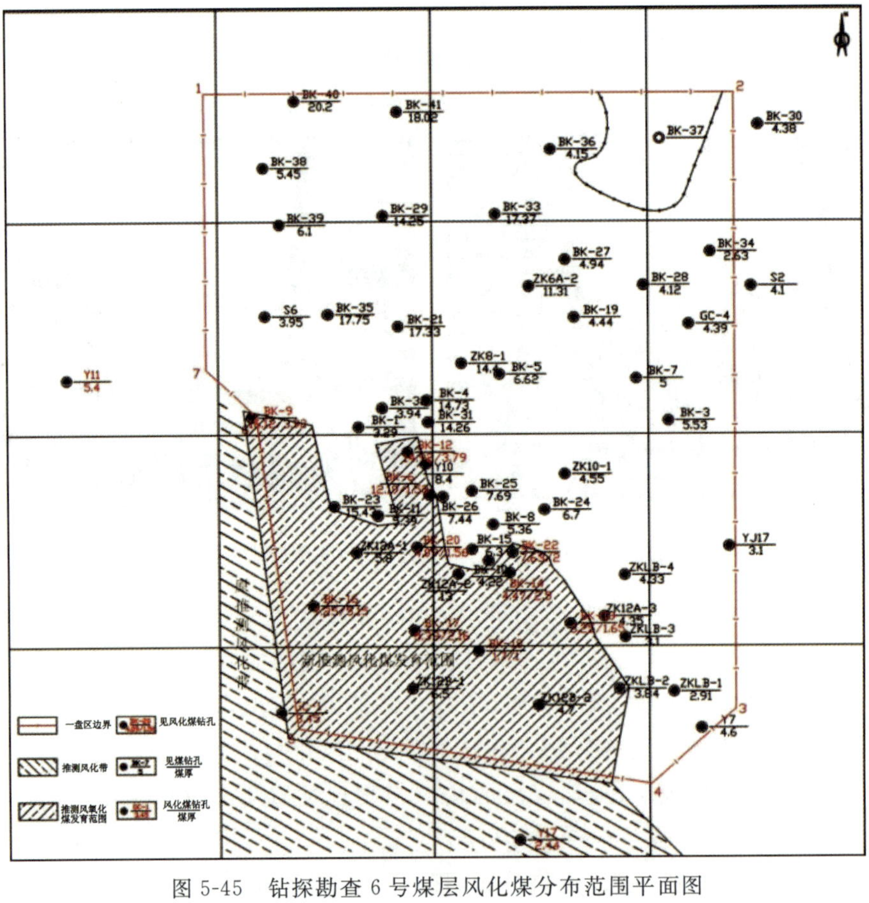

图5-45　钻探勘查6号煤层风化煤分布范围平面图

通过资料分析、判断,结合以往的勘探工作和记录,测井及钻探现场编录等手段,已基本确定了红树梁煤矿风氧化带的深度、范围及基本变化规律。勘查区四周均有煤层露头或隐伏煤层露头，但风化带的界线没有得到严密的控制，部分钻孔控制煤层遭受风化后出现被黏土岩、高岭质泥岩代替的现象。

5.3　黑岱沟煤矿煤层风氧化带探测

5.3.1　矿区概况

黑岱沟露天煤矿是国家“八五”计划期间重点项目“准格尔项目一期工程”中三大主体工程之一，是我国自行设计、自行施工的特大型露天煤矿，设计年生产原煤 1200×10^4t。1992 年 7 月开始建设，1996 年 9 月试生产，1999 年 9 月正式移交生产，总投资 34 亿元。露天煤矿从 1999 年正式投产，到 2001 年 3 年期间煤炭产量每年以 150×10^4t 的速度递增，特别是 2002 年煤炭产量突破 1000×10^4t 大关，2003 年全面达产，原煤产量达到 1 399.94×10^4t。2003 年 7 月黑岱沟露天煤矿吊斗铲工艺技术改造开始后，原煤产量大幅递增，2006 年原煤产量达 2376×10^4t，2007 年原煤产量达 2550×10^4t。至 2011 年，黑岱沟露天煤矿原煤生产能力已达 3100×10^4t，此后几年黑岱沟露天煤矿一直稳产在 3200×10^4t 以上。

露天区岩土层总平均厚度为 105m，土层厚 49.5m，岩石厚 55.5m，设计剥采比 5.35。露天区共划分 3 个采区，分别为第一条区、第二条区、第三条区。黑岱沟露天煤矿首采第一条区，然后依次采第二条区和第三条区。初始拉沟位置位于第一条区 7 号剖面线处，拉沟长度由 1000m 向 1200m 过渡，拉沟后向西南方向推进，逐步形成各台阶，现在由第一条带向第二条带转向。

露天煤矿设计 6 号煤层底板开采范围 42.36km^2，探明煤炭资源储量 14.13×10^8t，服务年限 68 年。6 号复煤层赋存于太原组上部，全区可采，厚度 24.12～39.32m，平均 33.07m，夹矸 5～16 层，夹矸总厚度 4.60m，平均 3.99m。6 号煤层厚度巨大，结构复杂，属全区可采的较稳定煤层，按结构及煤质特征分为 6 个分煤层($6_{Ⅰ}$、$6_{Ⅱ}$、$6_{Ⅲ}$、$6_{Ⅳ}$、$6_{Ⅴ}$、$6_{Ⅵ}$)。该煤层上部和下部台阶毛煤煤质较差，中部台阶毛煤煤质较好。6 号复煤层煤质为低硫、低磷、高灰熔点，较高挥发分和较高发热量的长焰煤，是良好的动力用煤，被誉为“绿色煤炭”。

该矿采用综合开采工艺，上部黄土层平均厚 49m，采用轮斗挖掘机-胶带输送机-排土机连续工艺；中部岩石平均厚 56m，采用单斗挖掘机-自卸卡车间断工艺；下部煤层平均厚 28.8m，采用单斗挖掘机-自卸卡车-坑边半移动破碎站-胶带输送机半连续工艺。

5.3.1.1　自然地理

1)地形、地貌

矿区位于黄河西岸，属晋、陕黄土高原的东北缘。区内大面积被黄土覆盖，只在较大的冲沟中有基岩出露。地表被流水冲蚀切割强烈，破坏严重，树枝状冲沟纵横交错，地形十分复杂，形成特有的黄土高原地貌景观。矿区地形西北高、东南低，黑岱沟由西北向东南从矿区穿过，矿区内海拔最高点 1 220.1m，最低点为黑岱沟出口处，海拔高程 1 078.0m。黄河流经矿区的东缘，由北向南径流，为煤田的最低侵蚀基准面；多年平均流量 790m^3/s，1998 年 10 月建有万家寨水库。

2)气候

黑岱沟矿区位于半干旱地区，属于大陆性半干燥气候。总的气候特点是冬季寒冷，夏季炎热，春秋两季气温变化剧烈，昼夜温差大。降水量较小，蒸发量较大，常有春旱现象。雨水多集中在 7—9 月，占全年降水量的 60%～70%。最高气温 39.4℃，最低气温－34℃。年平均气温 5.3～8.2℃。年降水量 231～634.7mm，多年平均 408mm。年蒸发量 1 324.7～2 896.1mm，多年平均在 2100mm 左右。蒸发量是降水量的 5 倍。结冰期为 10 月中旬至翌年 4 月下旬，约 200d。最大冻土深度 1500mm。积雪厚度 2～15cm。无霜期约 150d。受季风影响，冬季、春季多风，春季多为 4～6 级，3 月、4 月为大风期。风向以西风为主，最大风速 24m/s。年平均扬沙日 32.8d，年平均沙暴日 15.2d，年平均雷暴日 41.8d。

3)地震

矿区位于鄂尔多斯地台向斜东北缘。准格尔旗地区的地震从历史和现今的频率强度来看，是一个弱震区。但是其东北方向的周边，曾发生过中强度地震。如 1976 年呼和浩特市的和林格尔县新店发生的 4.5～5 级地震，波及到准格尔旗地区，有明显的震感。根据中华人民共和国国家质量监督检验检疫总局和中国国家管理委员会联合发布的《中华人民共和国国家标准〈中国地震动参数区划图〉》(GB 18306—2015)，准格尔旗地震动峰值加速度为 0.1g，反应谱特征周期 0.45s，地震烈度Ⅶ度。

4)泥石流、滑坡

区内属于丘陵沟壑区，地表一般被第四系黄土层覆盖，且厚度较大。受流水和重力作用，区内沟深坡陡。沟的切割深度可超过百米。因此，本区以水蚀为主，重力侵蚀为辅，陷穴、滑坍、泻涌等现象常发生；冰融侵蚀也可见到；面蚀和沟蚀都比较严重。各种营力的作用使沟底下切，沟岸扩张，沟头延伸，沟蚀剧烈。在沟谷两侧及沟掌易于形成黄土滑坡，但规模较小，一般小于 50m^2。

5.3.1.2 四邻关系

1)哈尔乌素露天煤矿

哈尔乌素露天煤矿位于内蒙古自治区鄂尔多斯市准格尔旗(薛家湾镇)东部，属晋陕蒙交界地区，北邻已建成的黑岱沟露天煤矿。煤矿在地表东西长 9.59km，南北宽 7.03km，面积为 67.17km^2；深部境界东西长 8.95km，南北宽 6.3km，面积为 58.31km^2，可采原煤储量 17.3×10^8t，其中 6 号煤层为主要可采层，煤层平均厚度为 21.01m，全矿平均剥采比为 6.626m^3/t，设计服务年限 79 年。首采区原煤储量 6.36×10^8t，平均剥采比为 4.099m^3/t，设计能力 2000×10^4a，服务年限 32 年。

哈尔乌素露天煤矿煤炭的煤质为中灰、低硫、特低磷、较高挥发分、中高发热量、高灰熔点的长焰煤，是优质动力用煤，拥有广阔的市场前景。哈尔乌素露天煤矿黄土、岩石剥离采用单斗-卡车开采工艺，煤层采用单斗-卡车-带式输送机(地面半固定破碎站)的半连续开采工艺。大型矿用设备投资 257 620 万元，均选用比塞洛斯、特雷克斯、小松等世界范围内具有强大实力的国际公司所提供的采掘、运输设备。

2)小煤窑

区内有 3 个小煤窑，分别是准格尔旗东华煤矿、黑岱沟兴隆矿、黑岱沟创业煤矿(位置详见图 5-46)。依据矿方提供的小煤窑 6 号煤层采掘平面图，地方煤矿采用房柱式炮采开采法，井下观察最大采高为 5～7m，而且是采 6 号煤层中间煤质好的部位，预计为 $6_{Ⅳ}$ 煤层。这 3 个小煤窑采空区资料需要进一步收集掌握，再做专门性采空区探测工作，以圈定采空区范围。

图 5-46　生产矿井与周围小煤窑位置示意图

5.3.2　矿区地质

5.3.2.1　地层

黑岱沟矿区内大部被黄土覆盖，但在沟谷中有部分地层基岩出露。出露的最老地层为古生界下奥陶统亮甲山组(O_1l)，为本煤田含煤地层基底，再向上即为晚古生代含煤地层中石炭统本溪组(C_2b)，上石炭统太原组(C_3t)和下二叠统山西组(P_1s)。含煤地层之上为下石盒子组(P_1x)和上石盒子组(P_2s)，新近系上新统红土层(N_2)、第四系更新统马兰组(Qp)、第四系全新统(Qh)。

5.3.2.2 构造

黑岱沟露天煤矿区构造较简单，主要有3组近于平行的背向斜，其中西黄家梁背斜与其东南部的焦家圪卜向斜占据着勘探区的中西部地区，控制着近三分之二面积的地层产状(图5-47)。

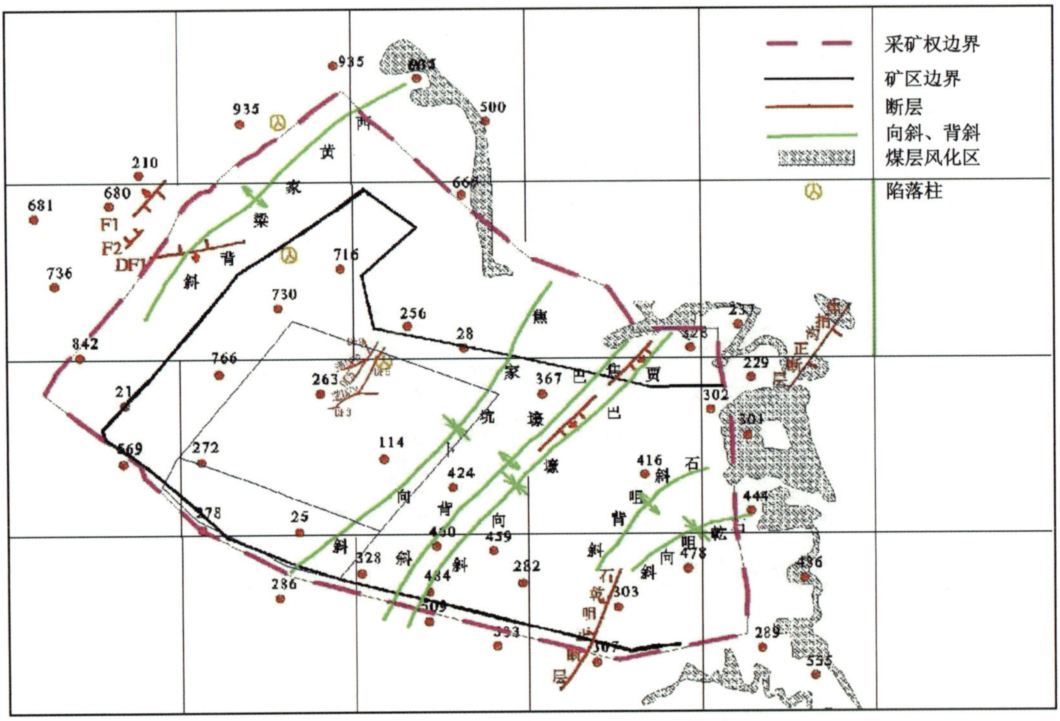

图5-47　黑岱沟露天煤矿主要构造示意图

区内褶皱和断层走向与地层走向基本一致，呈北东45°，倾向多为北西向、南东向，倾角除西黄家梁背斜西北翼外，一般小于10°。区内断裂不甚发育，断距不大，断层多呈北东方向。纵观全区构造形势，地层、褶皱轴和断裂呈北东走向，褶皱轴由东北向西南倾伏，基岩构造形态呈东北高、西南低。

1)褶皱

(1)西黄家梁背斜：西黄家梁背斜位于煤矿区西北部，轴向NE50°～NE30°，是本区西北部的主要构造。背斜两翼不对称，东南翼地层倾角一般小于10°，西北翼地层倾角一般25°，局部达35°。轴部向西南倾伏，倾角小于4°，22号勘探线以西轴部渐不明显，延伸至西南即消失。此背斜使煤层宽缓抬起接近地表，给露天开采创造了有利条件。

(2)焦家圪卜向斜：该向斜位于煤矿区中部，轴向NE45°，是矿区中部的主要构造。向斜两翼地层倾角5°左右，为一轴部平缓而宽阔的、波幅不大的向斜构造。

(3)其他褶皱：在煤矿区东南，由西往东还有贾巴毫向斜，石圪咀背、向斜，褶皱起伏不大，一般为10～40m，轴向约NE45°，向西南倾伏。

2)断层

黑岱沟矿区内主要断层详见表 5-5 和图 5-49。

表 5-5　主要断层特征表

断层名称	性质	走向	倾角(°)	落差(m)	延伸长度(m)
焦稍沟断层	正	NE35°	ES，70	15～80	2000
石疙咀断层	正	NE25°	SE，60	15	2000
F1 断层	逆	NE	ES，＞60	15	200
F2 断层	逆	NE50°	SE,＞60	16～20	500
F3 断层	逆	NE30°	NW,76	＜30	4500
F4＋断层	正	NE50°	SE,78	5～10	2600

2006 年 12 月 16 日—2007 年 5 月 30 日神华地质勘查有限责任公司对原精补勘探报告中 F1 推断断层和伴生陷落柱进行了地球物理勘探。根据地震成果，F1 断层实际由 6 条较小断层构成，断层号分别为 DF1、DF2、DF3、DF4、DF5 和 DF6，6 条断层均为正断层。

3)陷落柱

陷落柱为本区独特构造，分布不规律，精补勘探推断有 3 处，即 762 号、265 号、242 号钻孔为柱状陷落，该 3 处陷落均为推断。

在实际矿井开采过程中，通过开挖揭露，发现原划定为陷落柱的地方，实际是地层出现了向下较小幅度的滑脱，地层的连续性并没遭到破坏，煤层的连续性也没遭到破坏，因此，客观上不能将其称为陷落柱，只能说是局部地层出现了向下倾角较大的变形，并不影响煤层的开采利用。在第一条区内已开挖的地层中还未发现真正意义上的陷落柱。

5.3.3　勘查方法与工程布置

黑岱沟煤矿风氧化煤勘探工作主要选用钻探方式进行，并在钻探基础上对全部钻孔辅以测井、钻孔窥视，钻探过程中采用全孔取芯，对典型岩芯进行物理力学实验，全段煤芯煤质化验。勘查过程中充分利用生产中揭露的采剥剖面获得的地质资料，共施工 31 个钻孔，取得完整地质资料的有 30 个钻孔，有 1 个钻孔(ZK10)由于卡钻，未穿透 6 号煤层。总工程量 3 593.00m，单孔深度 82.5～155.3m。

5.3.4　黑岱沟煤矿勘探成果

在断层延展方向两侧、向斜轴向及断陷带内，煤层受到不同程度的风化，在垂向上从 5 号煤层到煤 $6_{Ⅳ}$ 煤层均遭受风化，埋藏较浅，风化程度严重。778 和 H1405 钻孔 5 号煤层、$6_{Ⅰ}$ 煤层、$6_{Ⅱ}$ 层煤层风化；H1214 钻孔 5 号煤层、$6_{Ⅰ}$ 煤层、$6_{Ⅱ}$ 煤层、$6_{Ⅲ}$ 煤层风化；H1504 钻孔 5 号煤层、$6_{Ⅰ}$ 煤层、$6_{Ⅲ}$ 煤层风化；GB002 钻孔、H1108 钻孔越层风化，表现为 5 号煤层正常，$6_{Ⅰ}$ 煤层、$6_{Ⅱ}$ 煤层、$6_{Ⅲ}$ 煤层风化；H1203 钻孔 $6_{Ⅱ}$ 煤层、$6_{Ⅳ}$ 煤层风化；H901 钻孔 $6_{Ⅲ}$ 煤层、$6_{Ⅳ}$ 煤层风化。区内风化面积不大，垂向上风化侵蚀最深的在 H1405 钻孔 $6_{Ⅱ}$ 煤层，深度为 230.92m。

由于没有取得完整的煤质化验资料，采用测井曲线物性特征划分风氧化带。

测井工作使用的仪器设备为西安瑞达物探仪器研究所生产的 MTC-3000 型成套数控测井系统及配套井下探管，采用三侧向电阻率(LL3)、自然伽马(GR)、自然电位(SP)、伽马伽马(GGL)、声波(AC)、井斜(DEVI)、井径(CAL)7 种物性参数方法曲线进行工作。

利用测井曲线侧向电阻率及自然伽马曲线可以比较容易地区分出风氧化煤。由于煤层在风氧化作用下，结构变得松散，有机质减少，矿物质聚集，加之水分和腐殖酸含量增加，促进了粒子导电，所以风氧化煤的侧向电阻率显著降低，自然伽马值明显增高。

断陷带补勘区内 6 号煤层物性反映较好，通过密度(DEN)、电阻率(LLD)、自然伽马(GR)曲线的组合特征，能够很好地划分煤、岩层层序，区分煤层的风氧化程度。以 ZK16、ZK20 钻孔为例，由于两个钻孔远离断陷带区域，因此 6 号煤层受风氧化程度较弱，电阻率、自然伽马为低值，ZK16 钻孔煤层 142.50～6 118.50m 井段电阻率值在 4 645.16～4 945.23Ω·m 之间，平均值为 4 897.98Ω·m；自然伽马值在 22.76～357.37API 之间，平均值为 108.45API(图 5-48)。ZK20 钻孔煤层 126.75～6 102.50m 井段的电阻率值在 4 527.78～4 906.80Ω·m 之间，平均值为4 830.65Ω·m；自然伽马值在 24.21～303.37 API 之间，平均值为109.78API(图 5-49)。图 5-50～图 5-53 分别为 2 个钻孔中 $6_{\text{Ⅲ}}$ 煤层、$6_{\text{Ⅳ}}$ 煤层、$6_{\text{Ⅴ}}$ 煤层、$6_{\text{Ⅵ}}$ 煤层自然伽马、电阻率数值统计结果。

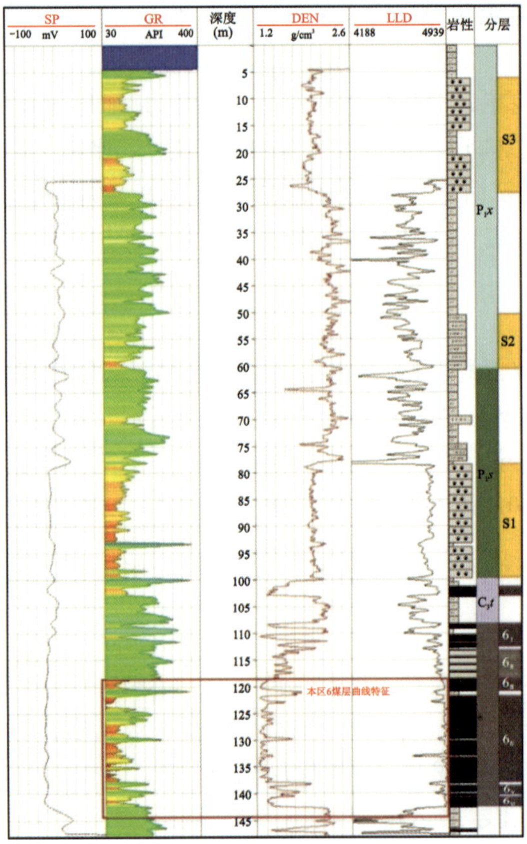

图 5-48　ZK16 钻孔 6 号煤层测井曲线组合特征

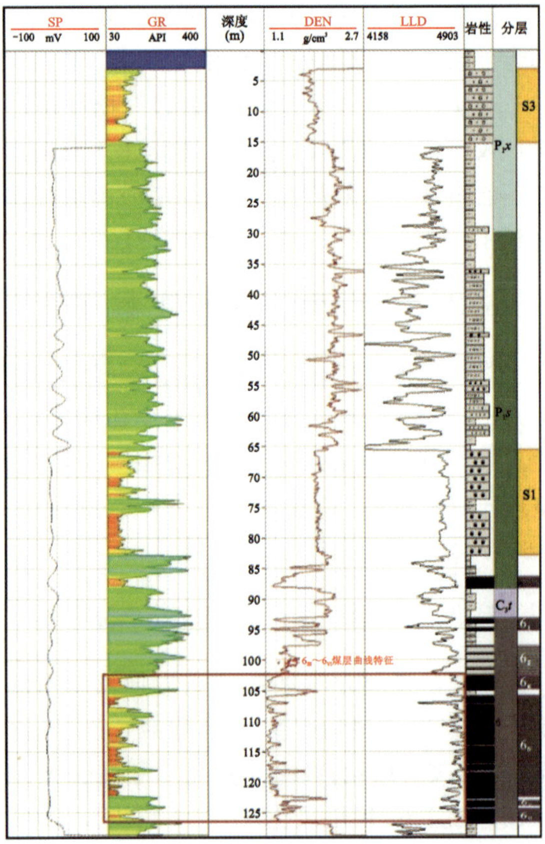

图 5-49　ZK20 钻孔 6 号煤层测井曲线组合特征

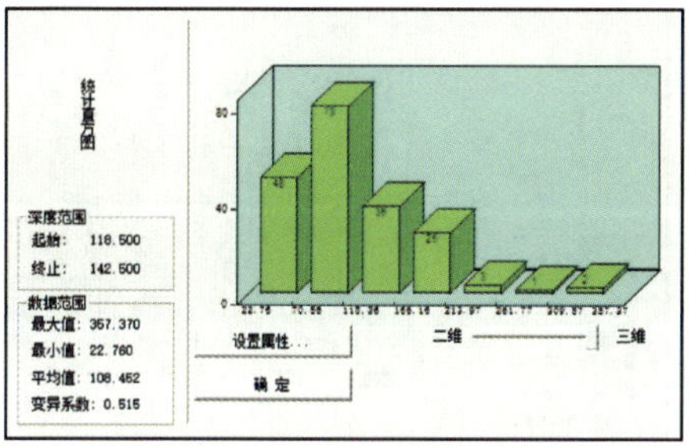

图 5-50　ZK16 钻孔 $6_{Ⅲ}$煤层、$6_{Ⅳ}$煤层、$6_{Ⅴ}$煤层、$6_{Ⅵ}$煤层自然伽马数值统计

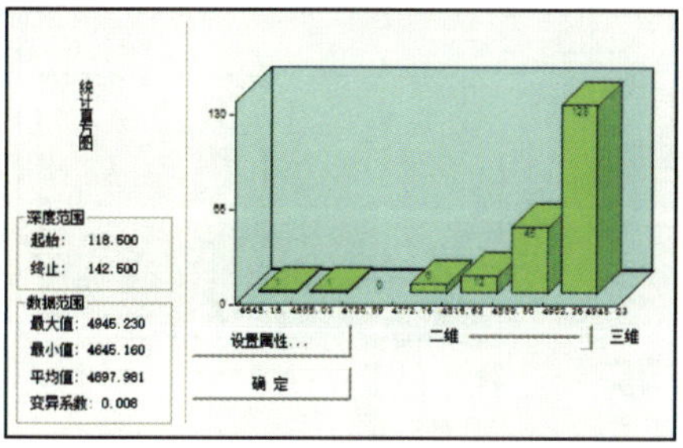

图 5-51　ZK16 钻孔 $6_{Ⅲ}$煤层、$6_{Ⅳ}$煤层、$6_{Ⅴ}$煤层、$6_{Ⅵ}$煤层电阻率数值统计

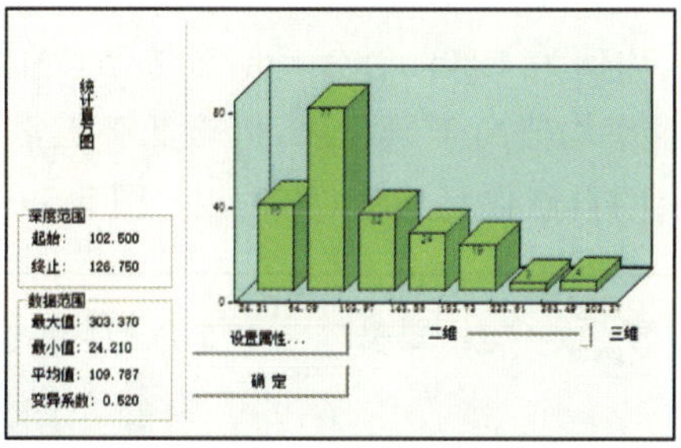

图 5-52　ZK20 钻孔 $6_{Ⅲ}$煤层、$6_{Ⅳ}$煤层、$6_{Ⅴ}$煤层、$6_{Ⅵ}$煤层自然伽马数值统计

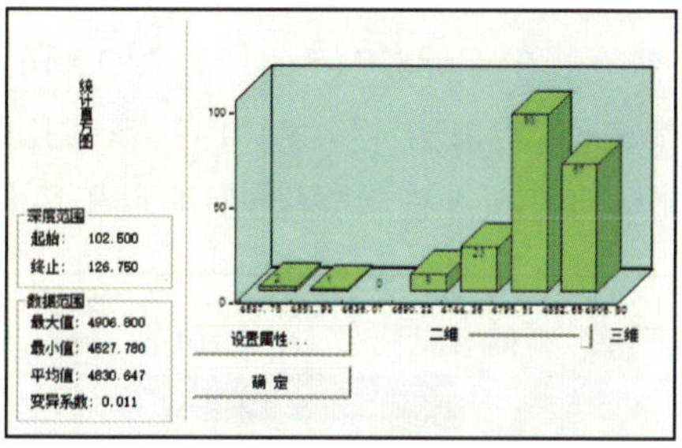

图 5-53　ZK20 钻孔 $6_{Ⅲ}$煤层、$6_{Ⅳ}$煤层、$6_{Ⅴ}$煤层、$6_{Ⅵ}$煤层电阻率数值统计

风化煤侧向电阻率相对较低，以 ZK12 钻孔为例，一般在 4 406.69～4 727.84Ω・m 之间，均值为 4 514.81Ω・m(低于围岩)，电阻率曲线上反映为低异常。风化煤在自然伽马曲线上幅值都比正常煤高，一般为 107.38～669.95API，均值为 395.29 API(图 5-54～图 5-56)。

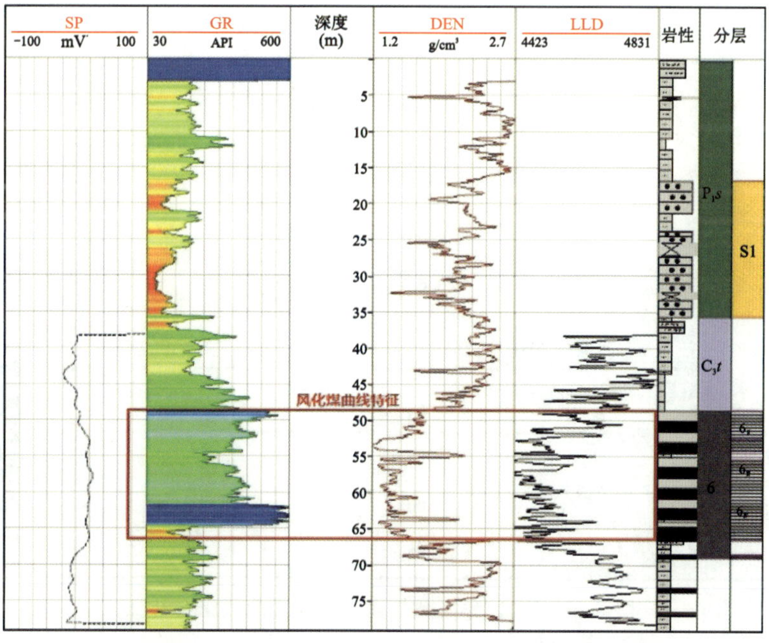

图 5-54　ZK12 钻孔风化煤层测井曲线组合特征

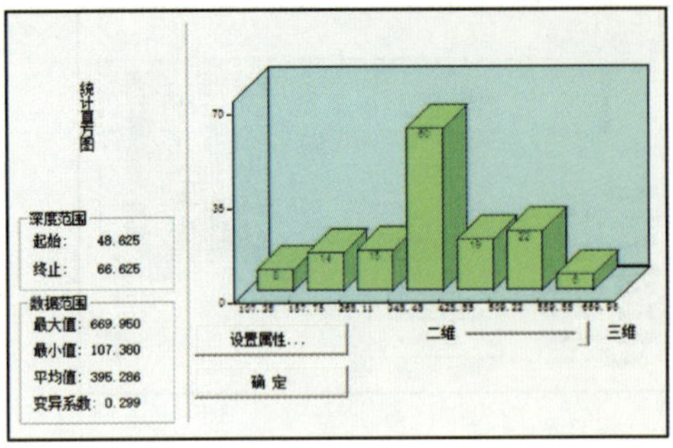

图 5-55　ZK12 钻孔风化煤层自然伽马数值统计

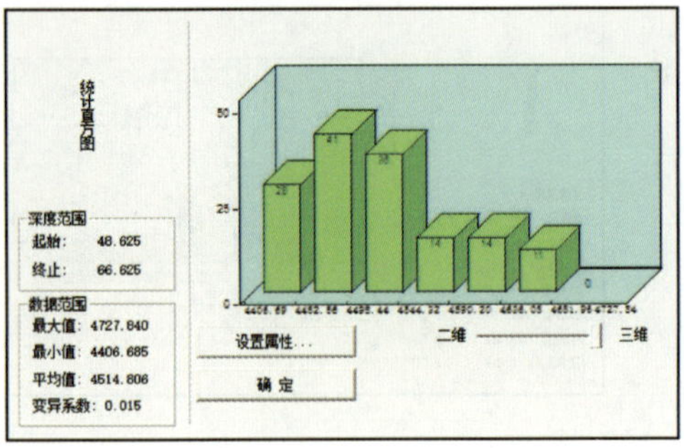

图 5-56　ZK12 钻孔风化煤层电阻率数值统计

氧化煤的物性特征，一般处于风化煤与正常煤之间，以 ZK21 钻孔 6 号煤层中上部为例，其侧向电阻率一般在 4 688.74～4 877.79Ω・m 之间，均值为 4 809.08Ω・m，自然伽马在 260.48～700.41API 之间，均值为 370.47API。该钻孔的电阻率均值高于风化煤，但略低于正常煤层电阻率；自然伽马均值高于正常煤层，但略低于风化煤层的自然伽马均值(图 5-57～图 5-59)。

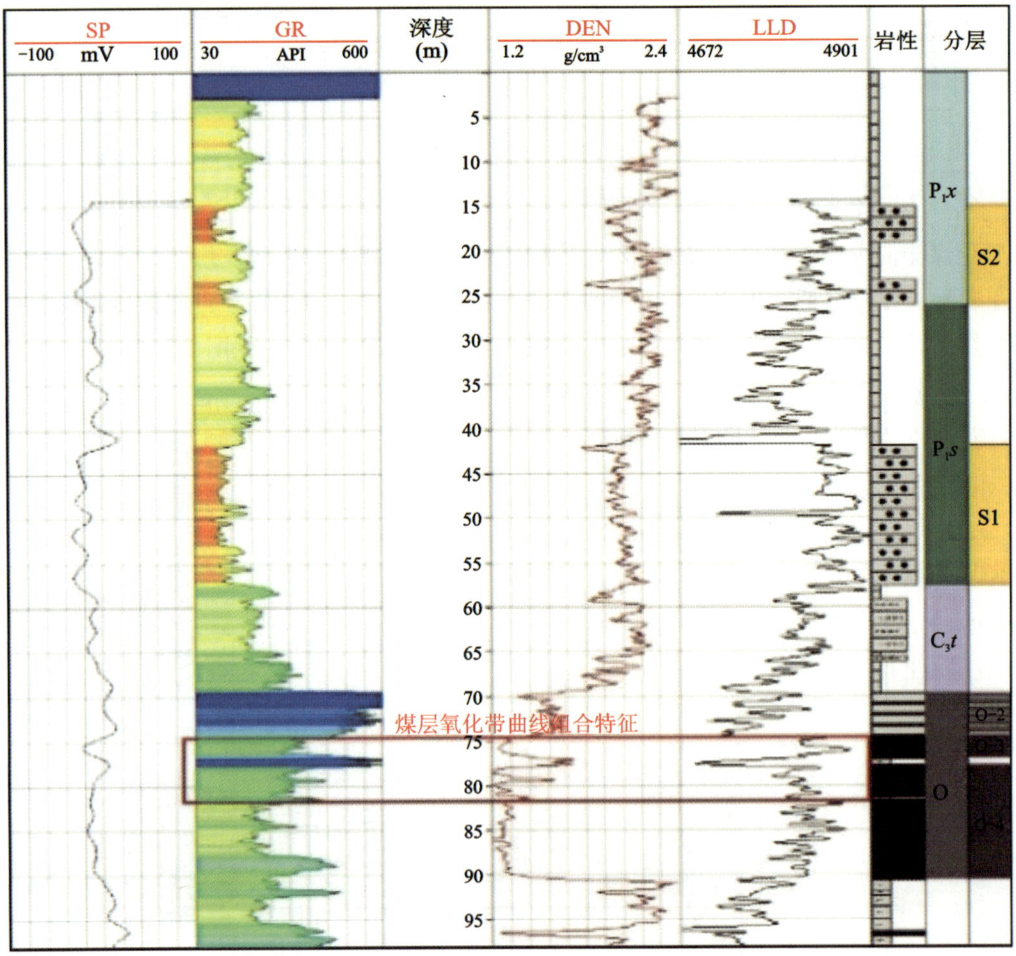

图 5-57　ZK21 钻孔风氧化煤层测井曲线组合特征

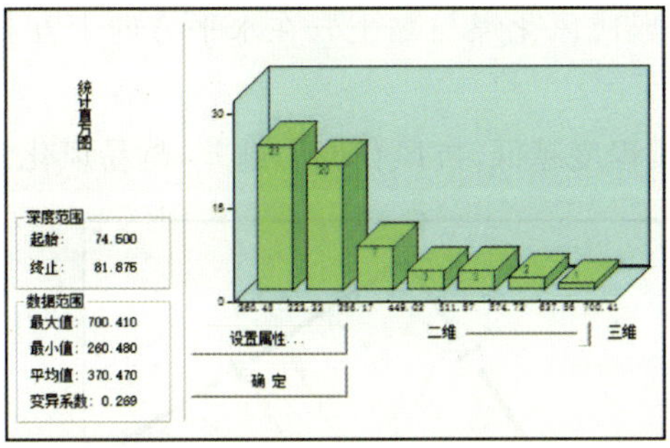

图 5-58　ZK21 钻孔氧化煤层自然伽马数值统计

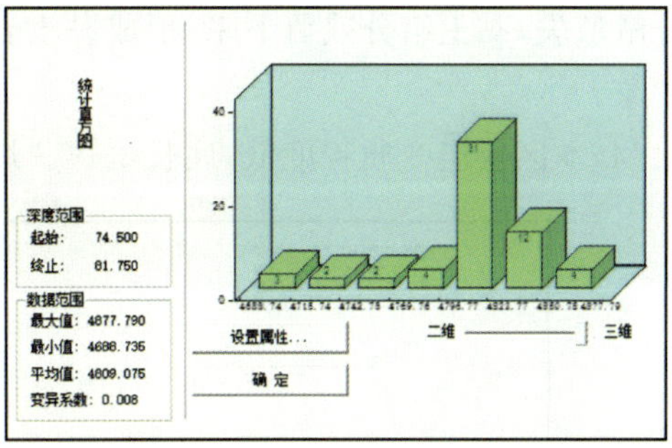

图 5-59　ZK21 钻孔氧化煤层电阻率数值统计

根据测井曲线在煤层风氧化带中的物性组合特征，可以判别因断层构造引起的煤质风氧化范围及影响程度。表 5-6 为断陷带补勘区域钻孔煤层风氧化统计表。

表 5-6　断陷带补勘区钻孔煤层风氧化特征值统计表

钻孔编号	煤层风氧化位置(m)	自然伽马均值(API)	电阻率均值(Ω·m)	煤层范围	风氧化型
ZK6	87.50～112.00	187.01	4 794.25	$6_{Ⅲ}$及$6_{Ⅳ}$中上部	过渡型
ZK7	99.37～122.50	163.66	5 295.66	$6_{Ⅲ}$及$6_{Ⅳ}$	过渡型
ZK18-1	77.13～102.63	180.18	5 164.94	$6_{Ⅳ}$中上部	过渡型
ZK9	91.13～106.75	204.46	4 827.83	$6_{Ⅲ}$及$6_{Ⅳ}$顶部	成熟型
ZK19-3	66.13～91.38	209.55	5 164.94	$6_{Ⅲ}$及$6_{Ⅳ}$中上部	成熟型
ZK13-2	56.38～72.00	224.94	4 567.85	$6_{Ⅲ}$及$6_{Ⅳ}$中上部	成熟型
ZK13-1	81.00～105.50	340.12	4 997.57	$6_{Ⅳ}$及$6_{Ⅵ}$	成熟型
ZK12	48.63～66.63	395.28	4 514.81	$6_{Ⅲ}$及$6_{Ⅳ}$	过成熟型
ZK21	74.50～81.88	370.47	4 809.08	$6_{Ⅳ}$	过成熟型
ZK3	102.75～123.75	525.58	4 527.37	$6_{Ⅲ}$、$6_{Ⅳ}$中上部及$6_{Ⅵ}$	过成熟型

断陷带范围内煤的风氧化范围垂向上主要位于$6_{Ⅲ}$、$6_{Ⅳ}$、$6_{Ⅵ}$分煤层等的局部，平面上分布于断陷带补勘区北区的断层两侧和断陷带范围内，可以圈定 3 个风氧化区，风氧化范围见图 5-60，产生风氧化煤的原因有如下几个方面。

(1)矿区边界外露头浅部的“风化煤”是由于煤层距离地表近，受物理、化学作用风化而成，它沿煤层露头线以水平风化为主，由浅而深、由表及里风化。

(2)断层和陷落带附近，煤层受挤压或拉张作用，岩体完整性差，节理裂隙发育，加剧地下水的活动，携氧量增强，促进煤分解。

(3)风化煤和黏土岩在水平上互相代替，是由于本区煤层埋藏较浅，上覆岩层遭到风化，裂隙发育，形成了由上而下的垂直风化，加之山西组底部粗砂岩胶结较差，结构疏松，易于储存水分，水分沿裂隙侵入煤层，造成 6 号煤层上部大面积风化。风化强烈的煤，其有机显微煤岩组分因分解散失，黏土组分残留下来，形成黏土岩，从而形成风化煤与黏土岩在水平方向上互相替代的现象。

(4)本区煤层变质程度低，属长焰煤。煤的变质程度越低，抗风化能力越差，越易风化。

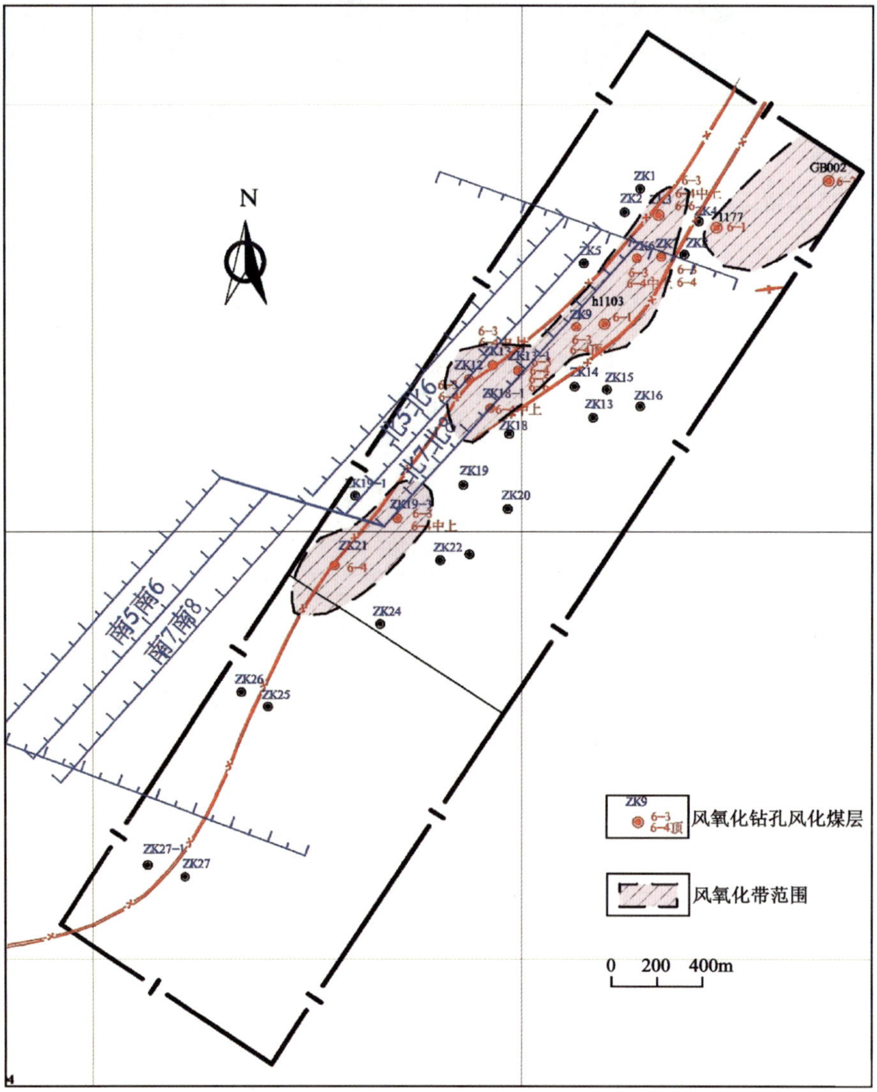

注：南5南6，南7南8，北5北6，北7北8为矿上采区名称。

图5-60　断陷带补勘区6号煤层风氧化范围示意图

5.4　不连沟煤矿煤层风氧化带探测

5.4.1　矿区概况

不连沟矿井位于准格尔煤田最北部，行政区划隶属准格尔旗东孔兑乡，隔黄河北与托可托县为邻，东与清水河县相望。不连沟矿井原名杨四圪咀矿井，2006 年 9 月重新为杨四圪咀矿井规划范围，将原杨四圪咀矿井大部范围以及周边无矿权设置地段一并划入，扩大了矿井范围，重新规划后的杨四圪咀矿井更名为不连沟矿井。鄂尔多斯市蒙泰不连沟煤业有限责任公司成立于 2006 年 5 月 24 日，由华电煤业集团有限公司和鄂尔多斯蒙泰爆电有限责任公司共同出资组建。不连沟矿井于 2007 年 11 月 8 日正式开工建设，2009 年 12 月 27 日矿井、选煤厂联合试运转完成，并投入生产。2011 年 6 月 30 日通过国家综合验收，并取得所有国家规定的生产矿井所需合法手续和相关许可证，正式投产运营。设计生产能力 1000×10^4 t/a，实际生产能力 1500×10^4 t/a。采用斜立井混合开拓方式；中央分列抽出式通风方式，主斜井、副斜井、进风立井入风，回风立井回风；综采放顶煤工艺、一井两面集约化生产模式。目前开采的为矿井主采煤层，即 6 号煤层。

不连沟煤矿是中国华电集团有限公司自主开发的第一座千万吨级特大型煤矿，也是集团战略调整的标志性工程。建矿伊始，煤矿将“开创华电煤炭产业发展道路，建立华电煤炭产业规范标准”作为第一使命，在充分吸取国内高产高效特大型矿井建设和生产经验的基础上，坚持高起点、高标准、高质量、高效率、高效益、洁净生产、安全生产、绿色环保的开发原则，对矿井进行了系统优化与创新，采用了主副斜井混合开拓方式、辅助运输无轨胶轮化技术、连续机械化掘进设备、1000×10^4 t/a 综采放顶煤工艺，一井两面集约化生产模式，启动了示范性煤矿创建工程，投入大量资金建设了综合自动化系统，下大力气狠抓了质量标准化创建工作。经过精心建设，达到了“生产集中化、设备先进化、运输连续化、系统简单化、安全本质化、效益最大化、信息数字化、布置合理化、管理现代化、广场花园化、宿舍公寓化、服务社会化”现代化煤矿水平。

建矿以来，创造了 25.5 个月建成千万吨级特大型煤矿、日产原煤 3.76×10^4 t、月产原煤 101.87×10^4 t、安全 0 伤亡等多个优良业绩，主、副斜井井筒荣获煤炭行业工程质量最高奖——“太阳杯”工程奖，实现了安全发展、科学发展、跨越发展，不连沟煤矿也因此而享誉华电集团内外。

5.4.1.1　自然地理

1)地形、地貌

不连沟矿井位于鄂尔多斯黄土高原，呈典型的黄土高原地貌。地表被广布的黄土和风积沙大面积覆盖，只在较大的冲沟中才有基岩出露。因受流水等自然引力作用，地表水土流失严重，树枝状冲沟十分发育，形成沟壑纵横、沟深壁陡、支离破碎的复杂地形。地形总趋势是西南高、东北低。海拔标高 1127～1346m，高差 219m。

2)气候

不连沟矿井属中温带大陆性干旱气候。由于地理位置及特殊的地理环境，该地区气候特征主要表现为：冬季寒冷，雨雪较少，春季干旱风大，夏季炎热，降水偏少且相对集中，秋季气温剧降。近 10 年的气象资料显示，该地区平均气温为 7.8℃，极端最高气温 40.4℃，极端最低气温 −30.4℃；年平均气压 878.9hPa；年平均相对湿度 54%，年均降水量 389.8mm；近 10 年来日最大降雨量达到80.8mm，每小时最大降雨量达到56mm。年蒸发量1 964.8mm，年日照时数2873h，年平均风速1.7m/s；年主导风向为西北风，出现频率8.8%，北北西向风出现的频率也较高，为7.8%，静风年出现频率38%，全年平均风速最大为3.5m/s。一般结冰期为每年11月至翌年3月，最大冻土深度1.50m。本地区无霜期约180d，初霜日为每年10月30日左右，积雪厚度20～150mm。

3)地震

根据内蒙古地震观测资料记载，1976年4月4日，和林格尔县新店子一带发生了6.3级地震，震中距矿井约100km，波及本矿井。据《中国地震动参数区划图》(GB 18306—2015)划分，地震动峰值加速度为0.10，对照烈度Ⅶ。因此在煤矿开采过程中要做好防灾抗灾的准备，避免造成人员及财产的损失。

4)地质灾害

井田内目前没有规模较大的滑坡、泥石流等地质灾害，但在沟谷陡峭处存在小规模的风化岩石崩塌现象。

5)水文

不连沟井田内发育有大不连沟、小不连沟、不连沟、房塔沟、水涧沟等，均为季节性河流，其支沟特别发育，多以向源侵蚀为主，横断面常呈“U”字形，形成陡峻的峡谷，沟源及两侧多有泉水涌出，形成溪流，经不连沟注入黄河。雨季多瀑发山洪，其流量大，时间短，水动力强，水土流失严重。旱季沟口截流灌溉农田，但时有干涸。黄河从矿井东缘流过，为矿井最大的地表水体。据黄河水利委员会头道拐水文站观测资料，近五年黄河水位标高985.28～988.87m，流量105～1990 m^3/s，年平均含沙量为5.74～24.30kg/m^3。

5.4.1.2 四邻关系

矿井周边主要有大路坡井田、唐家会井田、玻璃沟井田、孙家壕煤矿、窑沟扶贫煤矿及小鱼沟煤矿等。不连沟煤矿与周边煤矿位置关系详见图5-61。

(1)唐家会井田：唐家会井田位于不连沟煤矿西南部，主采6号煤层，设计生产能力6.0Mt/a。矿井开拓方式采用斜-立井混合开拓。共设3条井筒，即主斜井、副立井和回风立井。全矿井共划分为一个水平，主水平布置在6号煤层，水平标高771.0m。辅助水平设在上部的4号煤层和下部的9号煤层，水平标高分别为845m、755m。矿井采用分层长壁综采放顶煤采煤工艺，采用分煤层盘区大巷条带式布置方式。矿井于2010年10月开始建设，2013年建成投产，2015年6月首采工作面61101工作面安装完成。

唐家会井田现有副井排水系统和主斜井排水系统。副井排水系统，副井车场设计内仓、外仓及清水仓3个水仓，总容积为6000m^3，安装4台MD280多级泵(两用一备一检修)，4台BQ550电潜泵，3趟D273排水管路，1趟D508排水管路，最大抗灾排水能力达到2900m^3/h；主斜井排水系统，主斜井清水泵房已安装1台BQ275潜水泵、1台BQ550潜水泵(一用一备)、2趟D273排水管路，排水能力达到约700m^3/h。

(2)玻璃沟井田:玻璃沟井田位于内蒙古自治区鄂尔多斯市准格尔旗薛家湾镇东北部约10km,面积 31km^2,行政区划隶属准格尔旗薛家湾镇,由内蒙古国电能源投资有限公司管理经营,属于基建矿井。矿井设计生产能力 400×10 4t/a,选用主斜井-副立井混合开拓方式,单水平生产,配套建设有相同规模的选煤厂。

(3)孙家壕煤矿:孙家壕煤矿由原孙家壕煤矿和原牛连沟煤矿整合而成,设计生产能力3.0Mt/a。工程于 2007 年 3 月开始建设,2011 年 2 月建成试运行。

原牛连沟煤矿在 1990—1995 年间曾发生 4 次井下突水事故,其中一次瞬间突水量最大达 10 000m^3/d,造成重大事故,第三次涌水量为 270m^3/d,1995 年内蒙古自治区煤田 153 队受原牛连沟煤矿的委托,进行水文地质勘查,证实该矿突水事故系由于顶板粗砂岩构造裂隙发育,矿井涌水量加大,排水能力不足所致。

(4)窑沟扶贫煤矿:矿井设计生产能力 1.2Mt/a,选用综采放顶煤技术。矿井于 2004 年 4 月开工建设,2006 年 9 月开始试生产,改扩建后生产能力由原先的 1.2Mt/a,增加到2.4Mt/a。

(5)小鱼沟煤矿:小鱼沟煤矿位于鄂尔多斯市准格尔旗大路镇、不连沟煤矿东部,由内蒙古三维资源集团小鱼沟煤炭有限公司经营管理。井田东、北边界为煤层露头线,南部与窑沟扶贫煤矿接壤。井田东西宽约 1.39km,南北长约 2.79km,面积 3.989 3 km^2,批准开采标高895～1029m。矿井主采煤层编号为 6、8、$9_上$、9,设计生产能力 1.20Mt/a,服务年限 46.0a。矿井采用斜井开拓,2007 年 10 月开工建设,2009 年 3 月联合试生产,2010 年 11 月正式投入运营。

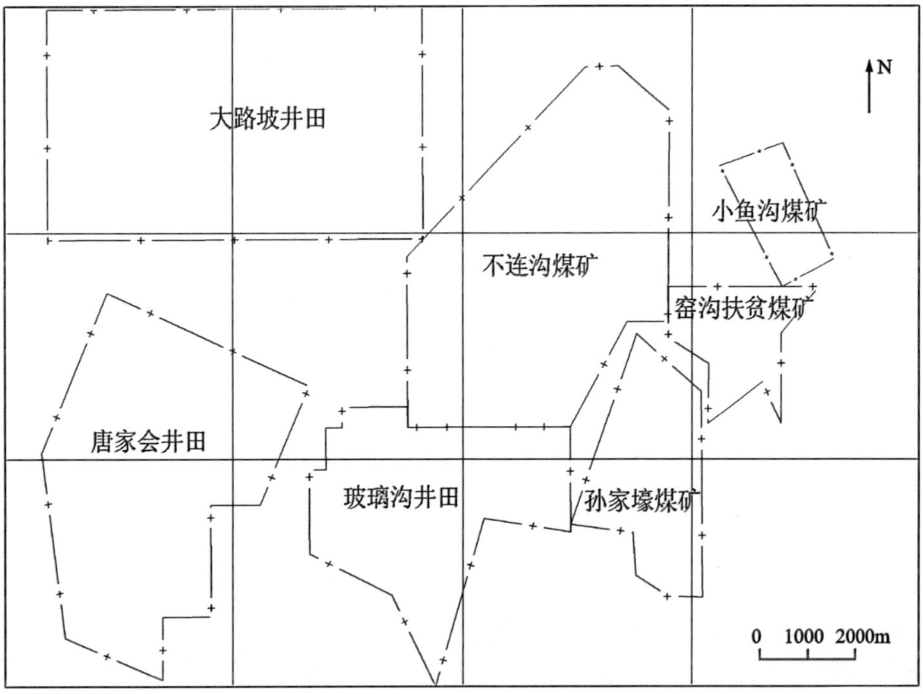

图 5-61 周边煤矿位置关系图

5.4.2 矿区地质

5.4.2.1 地层

矿井大部分被第四系黄土和风积沙所覆盖，只有局部的梁顶或冲沟中才有基岩出露，但仅为非煤系地层。根据地表出露及钻孔揭露，矿井地层层序自下而上为：中寒武统张夏组（$\in_2 z$）、上寒武统炒米店组（$\in_3 c$）、下奥陶统三山子组（$O_1 s$）、上石炭统太原组（$C_3 t$）、下二叠统山西组（$P_1 s$）、下二叠统下石盒子组（$P_1 x$）、上二叠统上石盒子组（$P_2 s$）、上侏罗统—下白垩统志丹群（$J_3 K_1 Zh$）、新近系上新统（N_2）、上更新统马兰组（Qpm）及全新统（Qh）的近代沉积。

5.4.2.2 构造

1）断层

矿井位于准格尔煤田东北部边缘，其构造特点与煤田区域构造格局大致相同，为一走向SN，倾向W的单斜构造。矿井内地层产状平缓，倾角一般1°～5°。根据地质资料，首采区共发育断层52条。其中，落差小于5m的断层19条，落差5～10m的断层23条，落差10～20m的断层7条，分布在矿井北部，对煤层开采有一定影响；落差大于20m的断层有3条，分别为DF16、DF52、DF53。矿井内除DF2断层为逆断层外，其余均为正断层。三维地震解释断层统计见表5-7。

表5-7 三维地震解释断层统计表

落差	断层编号	可靠程度
H＜5m	DF3、DF4、DF8、DF11、DF13、DF14、DF15、DF19、DF27、DF30、DF33、DF35、DF40、DF41、DF42、DF43、DF44、DF45、DF47	供参考
5m≤H＜10m	DF5、DF9、DF12、DF17、DF18、DF20、DF21、DF22、DF32、DF36	可 靠
	DF1、DF6、DF7、DF10、DF23、DF25、DF26、DF31、DF38、DF46、DF48、DF49、DF50	较可靠
10m≤H＜20m	DF24、DF28、DF37、DF39、DF51	可 靠
	DF2、DF34	较可靠
H≥20m	DF16、DF53	可 靠
	DF52	较可靠

现对落差大于或等于10m的断层分述如下。

（1）F3正断层：位于矿井中部，A7、A11钻孔连线西侧。走向NE35°，倾向NW55°，倾角65°～70°，落差0～50m，在矿井内延伸长度约630m。该断层为井下实测断层，为一查明断层。

（2）F4正断层（三维地震编号DF16）：位于矿井中南部，Y0606、B10、Y0604、Y0602钻孔连线附近。走向NW52°，倾向SW38°，倾角65°，落差0～45m，在矿井内延伸长度约2560m。

该断层为井下实测断层,为一查明断层。

(3)F5正断层:位于矿井中南部,Y0503、Y0604钻孔连线南侧。走向NE64°,倾向NW26°,倾角70°,落差0～40m,在矿井内延伸长度约1400m。该断层为井下实测断层,为一查明断层。

(4)F6正断层:位于矿井中南部,Y0503、B20钻孔连线南侧。走向NW35°,倾向SW55°,倾角70°,落差0～20m,在矿井内延伸长度约575m。该断层为井下实测断层,为一查明断层。

(5)F8正断层:位于矿井中部,7号、8号勘查线之间。走向NE80°,倾向SE10°,倾角40°,落差0～25m,在矿井内延伸长度约670m。该断层为井下实测断层,为一查明断层。

(6)F9正断层:位于矿井中部,A2、A4钻孔连线之间。走向NE71°,倾向NW19°,倾角65°,落差0～10m,在矿井内延伸长度约320m。该断层为井下实测断层,为一查明断层。

(7)F10正断层:为推测正断层,位于矿井西南部,A13、A19钻孔连线之间。走向NW26°,倾向SW54°,倾角70°,落差0～20m,在矿井内延伸长度约700m,为一初步查明断层。

根据煤矿在井田的实际开采情况和钻孔资料的综合分析,推测断层在井田东北部补勘区域,可能存在以下6条推测断层(具体见表5-8),这些断层资料仅供参考。煤矿在今后的开采中应加强对这6条断层的验证和进一步控制,以防在煤层开采时,影响开采面的布设和断层导水事故的发生。

表5-8　推测断层统计表

落差	断层编号	可靠程度
10m≤H＜20m	TC23、TC26、TC28	供参考
H≥20m	TC24、TC25、TC27	供参考

(1)TC23正断层:为推测正断层,位于矿井西北部,DB5、540钻孔连线之间。走向NE49°,倾角80°,落差0～10m,在矿井内延伸长度约400m,为推测断层。

(2)TC24正断层:为推测正断层,位于矿井中上部,B4钻孔西部。走向NE19°,倾角80°,落差0～33m。在矿井内延伸长度约500m,为推测断层。

(3)TC25正断层:为推测正断层,位于矿井东北角,Y0204钻孔的东北部。走向NW50°,倾角55°,落差0～35m。在矿井内延伸长度约800m,为推测断层。

(4)TC26正断层:为推测正断层,位于矿井东北部,Y0303钻孔的西北部。走向NW16°,倾角80°,落差0～18m。在矿井内延伸长度约1000m,为推测断层。

(5)TC27正断层:为推测正断层,位于矿井东北部,DB24钻孔的西北部。走向NE8°,倾角55°,落差0～35m。在矿井内延伸长度约850m,为推测断层。

(6)TC28正断层:为推测正断层,位于矿井东北部,DB20钻孔的南部。走向NW75°,倾角80°,落差0～15m。在矿井内延伸长度约240m,为推测断层。

2)陷落柱

煤矿生产过程中,在F6102、F6208、F6209工作面实际揭露陷落柱7处。陷落深度不详,多呈椭圆状。陷落范围最大的一处长轴约200m,短轴约90m,其余直径15～60m不等。本次补勘施工钻孔未发现直径大于 30m 的陷落柱。

3)背斜

推测背斜 TC1(原三维地震 Z6 背斜)位于勘探区的东北部，轴部走向 NE。两翼不对称，西翼地层受多条断层影响地层产状变化大，东翼地层产状较单一，倾角一般为 5°左右。背斜 TC1 在区内延伸长度 900m 左右，褶幅(褶皱中间面与褶皱包络面之间的距离)最大 10m。

综上所述，矿井总体为一单斜构造，其间发育宽缓的波状起伏，波幅小于 20m，起伏角一般小于 5°，落差大于或等于 20m 断层解释 6 条，局部地段陷落柱发育，矿井构造复杂程度属于中等类型。

5.4.2.3 煤层

矿井含煤地层为上石炭统太原组(C_3t)及下二叠统山西组(P_1s)。

上石炭统太原组上段(C_3t^2)为矿井主要含煤地层，含煤 7 层，编号分别为为 $6_上$、6、$6_下$、8、$9_上$、9、10。其中，可采煤层 4 层，编号为 6、$6_下$、$9_上$、9；不可采煤层 3 层，编号为 $6_上$、8、10。本组煤层自然厚度平均为 28.40m，地层平均总厚度为 71.03m，含煤系数为 39.98%；煤层可采厚度平均为 24.32m，可采含煤系数为 34.24%，含煤性好。

下二叠统山西组(P_1s)含煤 5 层，即 1 号、2 号、3 号、4 号、5 号煤层，均为不可采煤层。本组煤层自然厚度平均为 5.07m，地层平均总厚度为 55.40m，含煤系数为 9.15%，含煤性差。

矿井煤层自上而下有 1 号、2 号、3 号、5 号、$6_上$号、6 号、$6_下$号、8 号、$9_上$号、9 号、10 号共 11 层煤。其中可采煤层有 6 号、$6_下$号、$9_上$号、9 号共 4 层煤，其余为不可采煤层，最大赋煤面积 32.22km²。各煤层特征详见表 5-9。

表 5-9 可采煤层特征一览表

煤层号	自然厚度(m) 最小～最大 平均(点数)	可采厚度(m) 最小～最大 平均(点数)	面积可采系数(%)	夹矸 平均厚度(m) 层数	煤层埋深(m) 最小～最大 平均(点数)	层间距(m) 最小～最大 平均	稳定程度	可采性	备注
6	0.45～38.44 17.65(152)	2.35～35.42 15.46(151)	93.46	2.93 3～12	125.23～454.41 319.73(153)	1.45～8.65 3.67	较稳定	全区可采	主要可采煤层
$6_下$	0.24～5.20 2.80(57)	0.80～4.43 2.12(53)	37.46	0.45 0～5	205.60～471.00 402.49(58)	1.60～13.55 5.16	不稳定	局部可采	
$9_上$	0.40～10.92 3.46(136)	0.80～8.01 2.80(135)	70.43	0.90m 0～6	158.30～464.25 338.94(136)	0.20～14.69 3.50	较稳定	大部可采	主要可采煤层
9	0.35～11.66 4.49(161)	0.85～10.90 3.94(160)	90.66	1.04 0～8	177.24～481.79 362.89(161)		较稳定	大部可采	主要可采煤层

1)可采煤层

(1)6 号煤层:位于太原组中部,是矿井的主要可采煤层。6 号煤层露头位于矿井的东北部,在全矿井中大部分布。矿井内有 152 个见煤点,其中可采点 151 个;煤层埋藏深度 125.23～454.41m,平均 319.73m;煤层自然厚度 0.45～38.44m,平均 17.65m;可采厚度 2.35～35.42m,平均 15.46m;与 5 号煤层间距 11.24～54.10m,平均 25.97m。顶底板岩性大部分为泥岩、黏土岩、碳质泥岩,其次为砂岩。结构复杂,夹矸总厚度 0.45～9.65m,平均 2.93m,夹矸层数 3～12 层;夹矸岩性多为泥岩、砂质泥岩、黏土岩,部分为碳质泥岩。可采面积 31.576 7km^2,面积可采系数为 93.46%,属全区可采的较稳定煤层。

(2)$6_下$号煤层:位于太原组中部,主体分布于矿井南部,少量分布于东北部。矿井内有 57 个见煤点,其中可采点 53 个;埋藏深度 205.60～471.00m,平均 402.49m;煤层自然厚度 0.24～5.20m,平均 2.80m;可采厚度 0.80～4.43m,平均 2.12m;与 6 号煤层间距 1.45～8.65m,平均 3.67m。顶底板岩性大部分为泥岩、砂岩、砂质泥岩,其次为黏土岩及碳质泥岩。结构复杂,夹矸厚度 0～0.67m,平均 0.45m,夹矸层数 0～5 层;夹矸岩性多为泥岩、砂质泥岩。$6_下$号煤层可采面积 11.728 3km^2,面积可采系数为 37.46%,属局部可采的不稳定煤层。

(3)$9_上$号煤层:位于太原组下部,矿井大部分布,是矿井的主要可采煤层。矿井内有 136 个见煤点,其中可采点 135 个;埋藏深度 158.30～464.25m,平均 338.94m;煤层自然厚度 0.40～10.92m,平均 3.46m;可采厚度 0.80～8.01m,平均 2.80m;与 $6_下$号煤层间距 1.60～13.55m,平均 5.16m。顶底板岩性大部分为泥岩、砂质泥岩及砂岩,其次为碳质泥岩及黏土岩。结构复杂,夹矸厚度 0.06～1.99m,平均 0.90m。夹矸层数 0～6 层;夹矸岩性多为泥岩,其次为碳质泥岩及砂质泥岩等。可采面积 23.571 5km^2,面积可采系数为 70.43%,属大部可采的较稳定煤层。

(4)9 号煤层:位于太原组下部,矿井大部分布,是矿井主要可采煤层。矿井内有 161 个见煤点,其中可采点 160 个;埋藏深度 177.24～481.79m,平均 362.89m;煤层自然厚度 0.35～11.66m,平均 4.49m,可采厚度 0.85～10.90m,平均 3.94m;与 $9_上$号煤层间距为 0.20～14.69m,平均 3.50m。顶底板岩性大部分为泥岩、砂质泥岩及黏土岩,其次为碳质泥岩及砂岩。结构复杂,夹矸厚度 0.10～2.30m,平均 1.04m,夹矸层数 0～8 层;夹矸岩性为泥岩、砂质泥岩及黏土岩。可采面积 30.128 5km^2,面积可采系数为 90.66%。属大部可采的较稳定煤层。

综上所述,矿井主要可采煤层 6 号、$9_上$号、9 号煤层厚度变化不大,结构简单至复杂,全区或大部可采,煤层稳定程度为较稳定煤层。

2)不可采煤层

(1)1 号煤层:位于山西组顶部,零星分布。矿井内有 3 个见煤点,无可采点。煤层埋藏深度 355.99～381.76m,平均 370.69m;煤层自然厚度 0.25～0.35m,平均 0.29m,属不可采煤层。

(2)2 号煤层:位于山西组顶部,在矿井南部分布。矿井内有 15 个见煤点,无可采点。煤层埋藏深度 263.95～387.66m,平均 346.39m;煤层自然厚度 0.10～0.72m,平均 0.43m,属不可采煤层。

(3)3 号煤层:位于山西组中部,在矿井南部分布。矿井内有 51 个见煤点,其中可采点 15 个;煤层埋藏深度 125.63～411.35m,平均 330.35m;煤层自然厚度 0.16～3.85m,平均 0.65m,属不可采煤层。

(4)5 号煤层:位于山西组底部,在矿井南部集中分布。矿井内有 68 个见煤点,其中可采点 36 个;埋藏深度 147.60～421.61m,平均 335.53m;煤层自然厚度 0.25～5.00m,平均 1.13m;可采厚度 0.83～5.00m,平均 1.52m。与 $5_{上}$ 号煤层间距 1.20～4.80m,平均 3.40m。顶底板岩性大部分为泥岩、砂质泥岩。结构简单,夹矸 0～1 层,夹矸厚度 0～0.65m;夹矸岩性为泥岩及砂质泥岩。可采面积为 6.751 2km^2,面积可采系数为 20.95%,属不可采煤层。

(5)$6_{上}$ 号煤层:位于太原组上部,分布于矿井中部及西南部。矿井内有 47 个见煤点,其中可采点 36 个;埋藏深度 203.65～433.00m,平均 330.92m;煤层自然厚度 0.11～8.42m,平均 2.74m。面积可采系数为 18.98%,属不可采煤层。

(6)8 号煤层:位于太原组下部,主体分布于矿井北部,少量分布于东部。矿井内有 47 个见煤点,其中可采点 31 个;埋藏深度 187.95～412.52m,平均 301.16m;煤层自然厚度 0.15～4.05m,平均 1.61m;面积可采系数为 13.95%,属不可采煤层。

(7)10 号煤层:位于太原组下部,零星分布。矿井内有 6 个见煤点,无可采点;埋藏深度 373.90～488.41m,平均 415.21m。煤层自然厚度 0.24～0.75m,平均 0.45m,属不可采煤层。

5.4.3 勘查方法与工程布置

不连沟煤矿风氧化煤勘探工作主要选用钻探方式进行,井田主要勘查对象为 6 号煤层,该煤层厚度巨大,全区可采,并在钻探基础上采用地球物理测井、样品采集化验等手段相互配合。钻探过程中采用全孔取芯,完成钻孔 28 个,钻探工程量 8 567.44m,测井工程量 8 422.43m;完成封孔检查孔 1 个,工程量 264.40m。

5.4.4 不连沟煤矿勘探成果

不连沟煤矿井田内煤层全部被新地层覆盖,无出露,在井田北部边缘煤层有隐伏露头,且隐伏露头控制在 250m 以内。根据对钻孔煤芯煤样的观察以及各种化验指标的分析,煤风化后,一般呈黑色,粉末状,染手,手捻后为黑褐色,无光泽,无结构,比重轻。氧化煤一般在风化煤下部,是过渡层段,与风化煤和正常煤无明显界线,从煤芯观察,多呈碎块状或短柱状,保持煤层结构,但硬度变小,光泽减弱。化验指标与好煤有明显变化,一般水分、氧元素、腐殖酸增高,发热量、燃点降低,另外含油率、硫分、碳元素均有明显下降。根据对钻孔煤芯煤样的观察,B2、B3、B4、B20 钻孔 6 号煤层顶部有风化现象。

风化带的圈定以煤层露头线内推 60m 宽为风化带。风氧化带的分布赋存情况如图 5-62～图 5-65 所示。

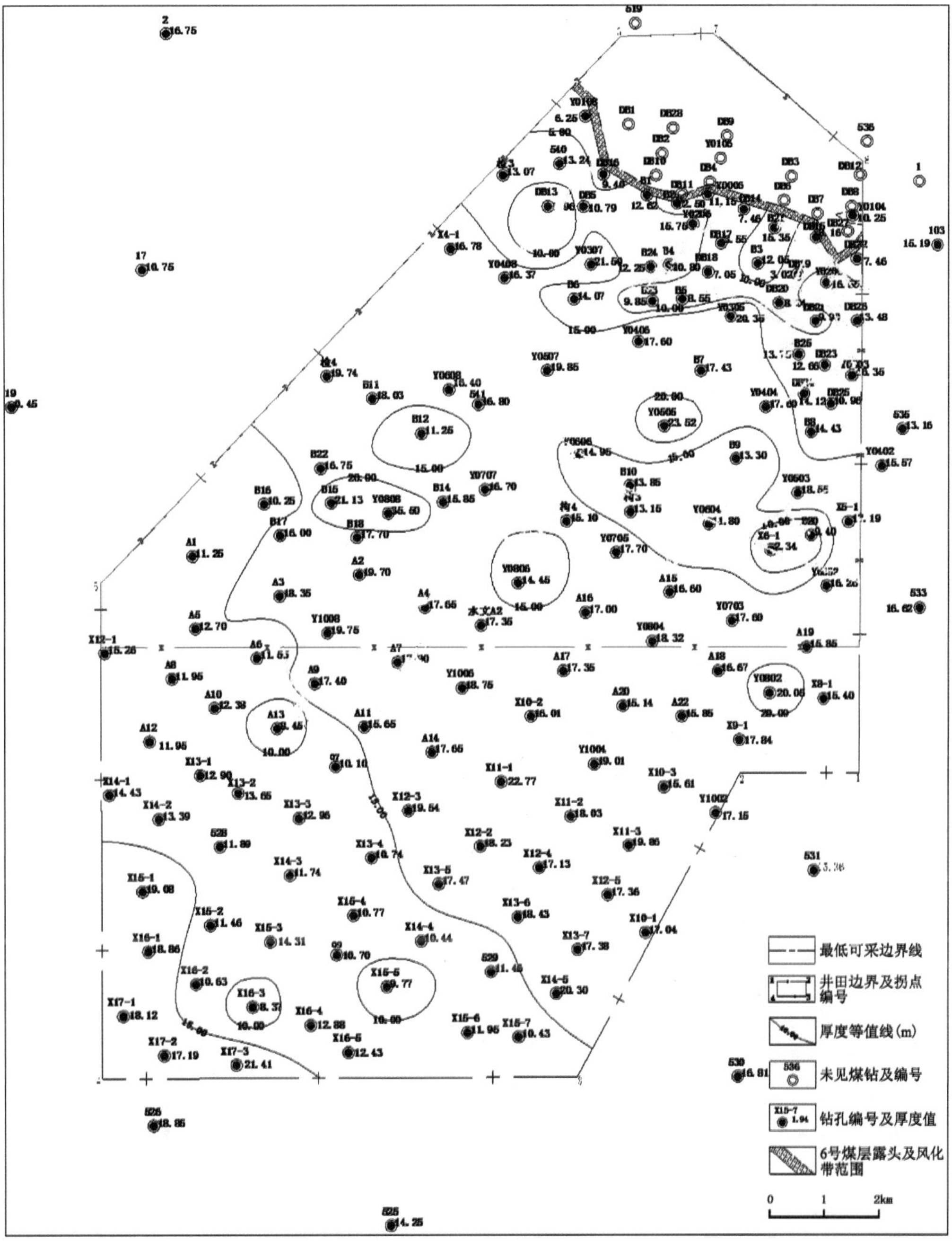

图 5-62　6 号煤层风氧化分布范围

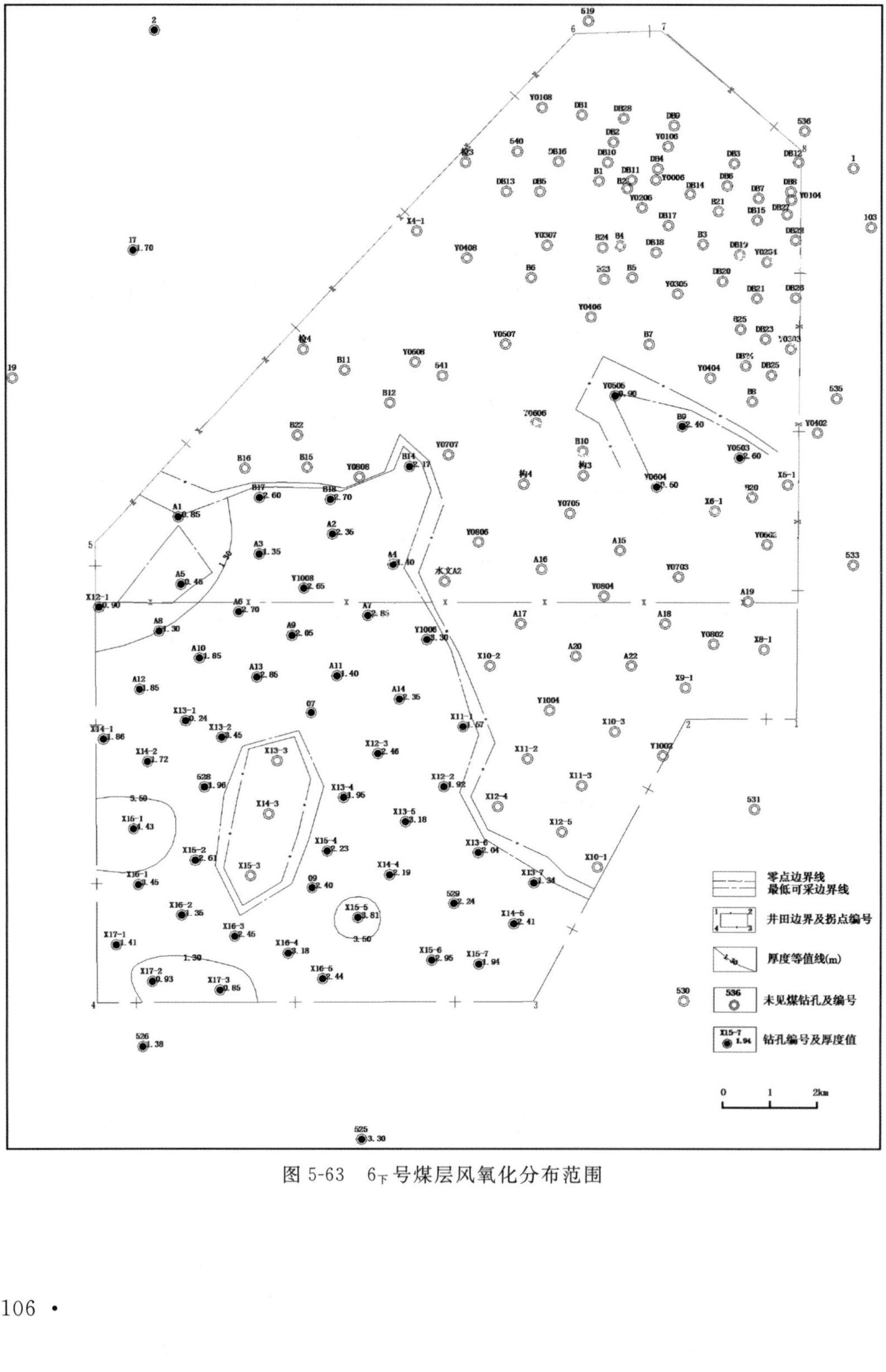

图 5-63　$6_{下}$号煤层风氧化分布范围

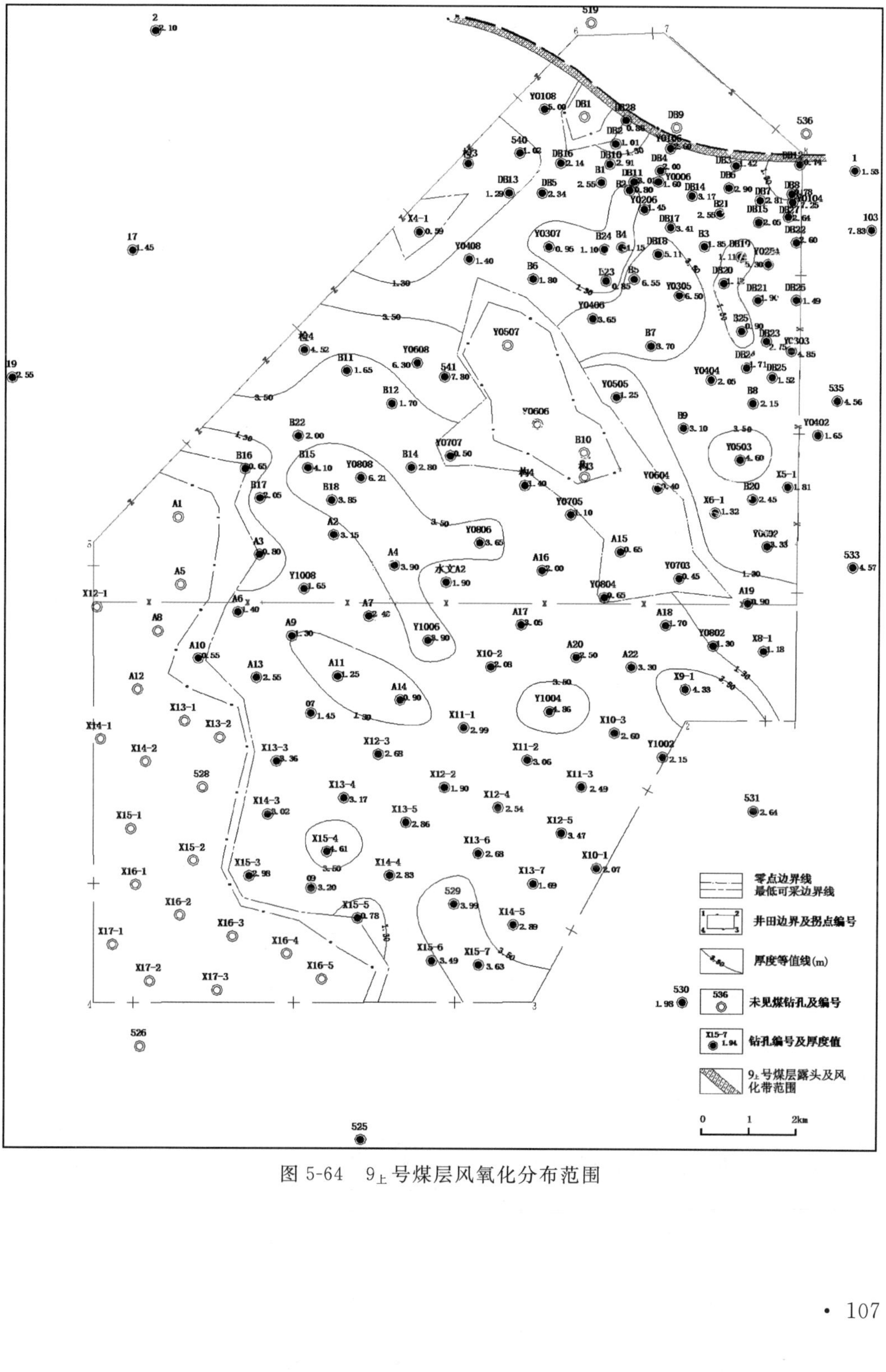

图 5-64　$9_上$号煤层风氧化分布范围

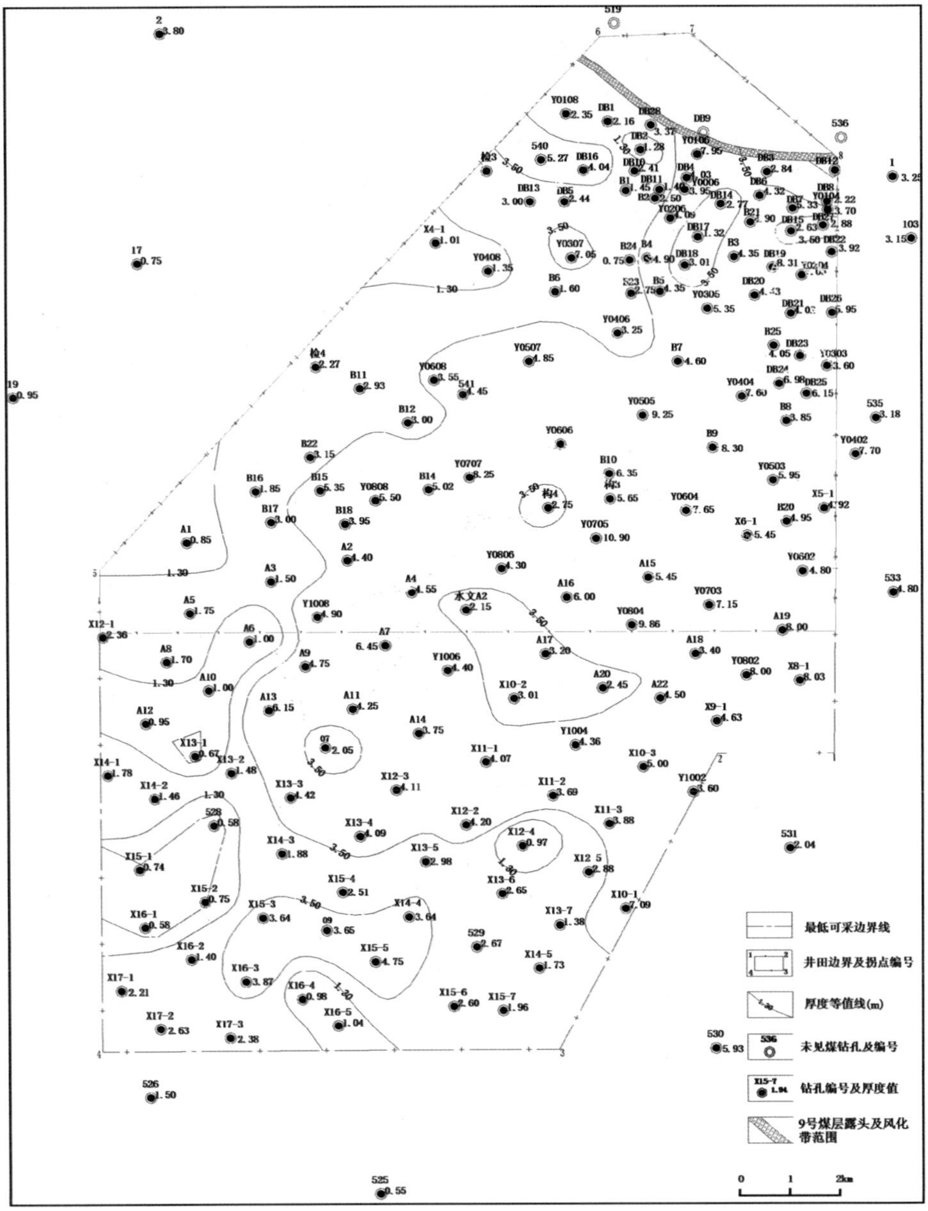

图 5-65　9 号煤层风氧化分布范围

本章根据准格尔东部煤田的串草圪旦煤矿、红树梁煤矿、黑岱沟煤矿和不连沟煤矿 4 个煤矿所进行的勘查过程和成果概括对准格尔东部煤田赋存和风氧化带的规律进行了描述，总体来看，东南部煤层风氧化情况较严重、中东部和东北部煤层风氧化相对较弱。针对风氧化带的存在特征以及其对相关资源开采所造成的不利影响，应及时做出相应措施提前应对。详尽细致的勘察成果对于早发现、早防治，提前采取适当的技术和经济手段来处理风氧化带内的突出问题，对煤层开采具有重要意义。

第 6 章　准格尔煤田东部煤层风氧化基本规律及技术对策

本章以串草圪旦煤矿、红树梁煤矿、黑岱沟煤矿和不连沟煤矿地质资料为基础，通过分析准格尔东部煤田地层、地貌及构造分布，总结了准格尔东部煤田煤层风氧化的一般规律，其中包括煤层风氧化带的形成机理、影响因素，判断煤层风氧化作用的标志、风氧化煤的特征和分布规律，并对存在煤层风氧化现象时，煤层顶板岩性的特征和破坏移动规律进行了总结分析。

6.1　煤层风氧化带形成机理及影响因素分析

6.1.1　形成机理

结合各类风氧化带的发育特征，综合分析煤岩层风氧化带形成的主要原因为露于地表或暴露于空气中的煤层在长期风吹、日晒、雨淋等自然条件下，逐渐缓慢风氧化。随着风氧化时间的延长，煤炭的风氧化反应逐渐向煤粒内部进行，并最终导致煤炭颗粒的全部风化；对于煤系地层埋深较大区域，当煤层顶板裂隙和构造较发育时，并具有良好的水循环条件时，地表水携氧气、二氧化碳入渗到地下，煤岩层在地下水的溶滤作用下，碳酸盐岩、硫酸盐岩（$CaCO_3$、$MgCO_3$、$CaSO_4$、$MgSO_4$）和煤层被溶蚀，致使黄泥带淋水水质类型为 HCO_3-Ca • Mg 型或 SO_4 • HCO_3-Ca • Mg 型。剩余的泥质矿物经各类地应力压实，变为浅黄色或黄褐色。由砂粒、黏土和灰岩组成的类似黄土的混合物，由于岩层存在成分上的差异，风氧化黄泥带呈层状分布，煤层顶板多发育有层状黄泥带。不同地区（或不同部位）煤岩层遭受风氧化作用的程度、深度各不相同。研究区域内煤层顶板全由风化软弱岩层组成，故形成风氧化带内煤层无基岩顶板的典型特征。

6.1.2　影响因素

煤层风氧化指出露于地表或埋藏在地表浅处的煤，在大气和水的作用下受到不同程度的风化、氧化，其物理、化学和工艺性质发生了变化，以至丧失了工业价值的现象。影响煤层风氧化作用的因素如下。

(1)气候、地形、地貌等自然环境影响：自然环境决定了煤层的通风条件，对煤层风氧化会产生重大影响。如水分含量过高时，煤的内部孔隙和煤粒之间都被水充满，空气不易进入，难以氧化；相反，若煤含的水分很低，煤的内部孔隙和煤粒间容易充满空气，煤氧化就容易发生。

(2)盖层影响:盖层厚度,一般盖层越厚,空气和水越不容易透过地层,接触煤层,风氧化作用越弱,煤层越不容易受风化;反之,则煤层易受侵蚀。盖层岩性组合,盖层的岩性组合影响煤层上部岩层的裂隙发育度,裂隙是风氧化发生作用的通道与途径。通常砾岩、砂砾岩、砂岩、灰岩、黄土等岩层裂隙发育。煤层上部若存在有效隔水层可以有效隔断垂向的风氧化作用。盖层岩层产状,煤层露头区发生风氧化作用,风氧化煤延展宽度往往受煤层倾角影响,煤层向下倾角变化越快,越容易摆脱风氧化侵蚀,风氧化宽度相对越窄。

(3)煤变质程度:变质程度越高的煤越不容易风氧化。通常腐殖煤中年轻的褐煤最易风化,随着煤化程度的加深,煤的着火温度升高,风化作用下降。

(4)煤的显微组分和煤岩类型:不同岩相组分氧化不同,各种岩相组分的氧化活性一般按下列顺序递减:镜煤>亮煤>暗煤>丝炭。丝炭具有较大的内表面积,低温下能吸附大量的氧气,丝炭内又常夹杂着黄铁矿,黄铁矿易氧化,生成 SO_2 和 Fe_2O_3,所以丝炭促进煤的氧化。

(5)构造影响:背斜和断层是形成风氧化煤的主要影响因素之一。在垂直向上应力作用下,背斜轴部煤层变薄且两翼断裂严重,滋生断层发育,并伴随煤层起伏大,煤层埋藏浅。煤断层影响裂隙发育,岩层较破碎,煤层及顶板都不同程度受到风氧化影响。

(6)基岩厚度影响:风氧化区域基岩厚度普遍较薄,因此基岩厚度较薄的区域易受到风氧化影响。

6.2 判断煤层风氧化的标志

煤层风氧化标志是指煤层在各种自然因素影响下,其物理、化学和工艺等性质发生的变化。因国家及煤炭行业尚未出台风氧化煤判定标准及规范,各地区对风氧化煤的判定一般根据本地区经验进行,但总体上一般均以煤质化验指标中的腐殖酸含量作为煤层是否风氧化的判定标准,但是在日常工作中常用的标志还有以下几种。

6.2.1 物理标志

1)煤芯观察

经过较强风氧化后的煤芯标本,光泽晦暗,颜色变浅,破成碎块,特征明显,是确定本区上部风氧化带的主要标志。

2)煤岩特征

(1)透明度突起的变化:在显微镜下,随风化作用的加强,煤岩透明度逐渐变差,突起也逐渐下降,这种变化是较明显的。

(2)结构的变化:在氧化作用的影响下,均一的镜煤出现结构性溶蚀孔,并随风化作用的逐步加强,崩解作用也加强,并出现角砾状结构及褶皱现象。

(3)风化作用的形成:随风化作用的加强,机械破碎程度加强,因而出现各种方向的裂隙,裂隙数量的多少也是确定风化作用强度的较好标志。

(4)反射率的变化:随风化作用的加强,反射率逐渐降低,越靠近露头越低,这一标志是确定风氧化带的重要标志。

6.2.2　化学工艺标志

1)碳氢比

随着风化作用的加强,碳氢比逐渐升高。越接近露头部位的煤层,碳氢比值越高。

2)发热量

发热量随风化作用的加强而降低,这一变化在本区的规律性较强,因此也是确定风氧化带的主要标志。发热量越靠近露头部位越低。露头煤的发热量低,而中心部位较高。露头部位发热量低与处于盆地边缘、灰分较高等因素有关,而风氧化作用是其中的主要因素。因此,发热量是确定风氧化作用很重要的标志。

3)挥发分

随风化作用的加强,挥发分逐渐增高,这种增高是由水、灰分的增加及稳定成分变为不稳定而造成的。但在强风氧化作用下,由于煤的成分的剧烈改变,有机物质大量被淋滤掉而又出现明显降低。由于挥发分受其他因素的影响也较大,所以此标志只是参考。

6.3　准格尔煤田东部风氧化煤特征及分布规律

6.3.1　特征

准格尔煤田东部区域煤风化后,其特征与不连沟煤矿煤层相似。

6.3.2　分布规律

准格尔煤田东部区域风化煤分布具一定的规律性,较成熟的看法认为区内风化煤主要集中在煤层露头或隐伏煤层露头附近,并且离露头线越近,风氧化程度越严重,各矿以往以煤层露头线内推 60m 宽确定为煤层风氧化带;另外区内煤层在向斜轴部或断层破碎带两侧,煤层风氧化现象也较严重,分布范围主要与构造展布方向基本一致;在沟谷较发育地区、盖层较薄区域和煤层顶板裂隙较发育区域,煤层风氧化现象也广泛存在,表现为煤层局部风氧化。

6.4　煤层顶板岩性变异特征及规律

6.4.1 顶板岩性变异特征

采用电子显微镜、X 光衍射等方法对风氧化带内岩石的饱和干燥吸收率、岩体强度等参数进行研究总结,风化岩层的岩石属性和变形破坏特征主要为:

(1)在岩石强度和抗变形破坏能力方面,风化岩石普遍比未风化岩石显著降低,绝大多数风化岩石抗压强度仅为同类未风化岩石的 10%～50%,而且风化程度越高,强度降低幅度越大。同时,泥质岩和泥质胶结砂岩中的黏土矿物如高岭石、伊利石和长石等,风化后全部黏土化,其塑性大大增强,此类风化岩层,因强度降低,塑性增强,抗采动影响的变形破坏能力显著增大，可有效地抑制冒落裂缝向上发展，并使采动裂缝的发育程度和导水性明显减弱。相反，硅质、钙质胶结的坚硬砂岩，尤其是硅质胶结的石英砂岩，以及其他坚硬、极坚硬岩层风化后，强度无显著变化；采动冒落裂缝高度和破坏程度不会降低，有时还会增高。

(2)风化泥质岩、泥质胶结砂岩的黏土矿物和黏土化的长石，具有很强的亲水性，受水侵蚀易迅速崩解、膨胀、泥化，不仅使塑性增强，隔水能力还会大大提高。同时，这些强度降低的风化岩层，在地层重力作用下，原生裂隙和部分采动裂隙迅速被压实、弥合，导致渗透水能力进一步减弱。相反，硅质、钙质胶结的砂岩尤其是硅质胶结的石英砂岩，原生裂隙相对比较发育，部分含水。风化后，不仅含水、渗透水性不会减弱，往往还会形成庞大的网状含水、导水构造和通道。

(3)没有基本顶，开采煤层顶板全由风化软弱岩层组成，是风氧化带内煤层开采的最典型顶板变异特征。

(4)具有流变和蠕变性，现场观测和生产实践表明，基岩风化带岩体，在采动影响和自身荷载的双重作用下，具有缓慢固结压缩特性。

6.4.2 顶板破坏移动规律

根据对钻孔的施工、取芯试验，测井与工作面现场观测资料的分析，在地质采矿条件下，揭示了煤层覆岩移动变形破坏的基本规律。

(1)风氧化带内煤层顶板泥质类岩层约占80%，岩性比较软弱，抗压强度一般在10～20 MPa之间。在采场支架回撤或移置后随即冒落，冒落岩块小，杂乱堆积，初始膨胀系数大，能充分填满采空区，从而在很大程度上阻止了上覆岩层的进一步垮落，冒落高度发展比较有限。顶板风化程度高的部位，几乎没有冒落带。

(2)直接顶上部的老顶岩层，多为泥质岩和中、细砂岩互层，且泥岩所占比重较大。它随工作面推进和直接顶的垮落，逐渐弯曲下压。由于受充满或基本充满采空区的直接顶冒落岩堆的支托，老顶下沉的幅度不大，一般不发生粉碎性断裂和显著的错动，主要在严重弯曲部位发生离层和竖向高角度的裂缝，故裂缝带的发展高度亦比较有限。

(3)处于老顶之上的岩层更为软弱，采后观测的钻孔钻芯一般都很完整，冲洗液很少漏失，测井曲线与原岩类同，基本不产生离层和高角度裂缝，而是紧随下部老顶下压而均匀地弯曲下沉，仅发生塑性变形。

(4)两带发育形态也呈两边高、中间低的类似马鞍形，但其马鞍分布形态的明显程度远远小于一般的提高上限的工作面(图6-1)。

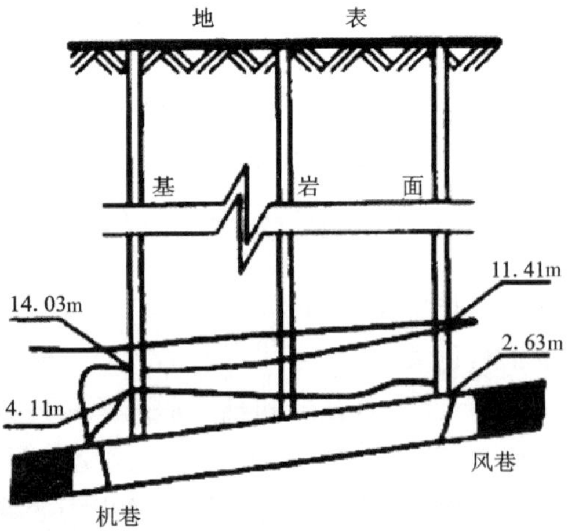

图6-1 风化煤层开采倾向“两带”高度形态示意图

(5)与未风化煤层开采相比较，覆岩破坏程度较小，垮落带的发育程度、连通性、导水性减弱，垮落裂隙发育的速度较快，采后被压密、压实弥合较快。冒采比和裂采比分别减小65%～67%和

57%～66%，垮落带高度仅为采高的 0.55～0.82 倍，采动裂隙导水性也相应减弱，如图 6-2 所示。

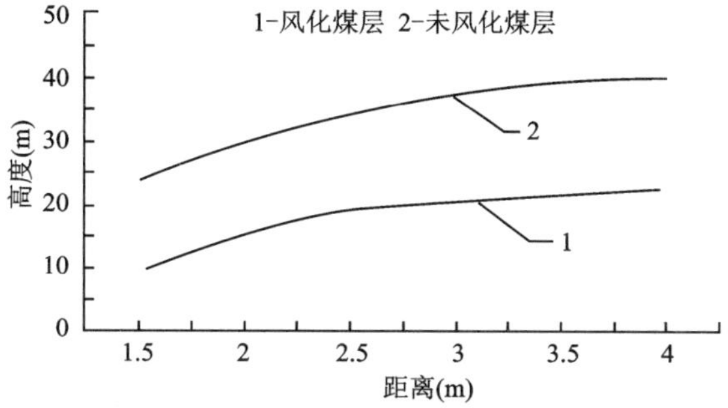

图 6-2　采厚与导水裂隙带高度对比曲线图

6.5　煤层风氧化开采面临的主要问题

煤岩层风氧化作用会造成煤岩层裂隙发育、岩体孔隙率增加，使得风氧化煤岩导水能力大大提高。当采掘空间与导水风氧化煤岩连通时，顶板砂岩水会通过风氧化带导水通道进入采掘空间，造成透水事故。顶板岩层受风氧化作用后，原生裂隙进一步发育，使得顶板整体性恶化，破碎程度增加，部分区域甚至遇水呈泥糊状。煤岩层风氧化带严重影响了采掘工作面顶板管理、煤质管理和安全生产工作，对矿井正常的采掘活动极为不利。对煤矿开采造成的影响主要有以下几点：

(1)煤层在携带二氧化碳及氧气的地下水作用下，遭受不同程度的风氧化，其物理性质、化学性质和工艺性能发生一系列变化，降低甚至完全丧失其工业价值。

(2)由于风氧化带泥质岩泥化后具有较强的黏结性，矸煤混装的原煤进入煤库后，泥化后的黄泥附在煤库壁、落煤口上，使煤库堵塞、工作面停产，部分黄泥随煤进入洗煤厂，使振动筛堵塞，跳汰浮选系统陷入瘫痪，整个煤矿面临停产，同时造成矿井煤质降低，回收率下降，导致企业经济效益下滑。所以黄土需与煤岩石分离运输，给矿井的出渣运输造成困难。

(3)基本顶岩层运动的剧烈程度减轻，工作面来压强度相应降低，来压步距减小，初次来压和周期来压不明显，静压大，经常发生综采支架大立柱开裂、底座开焊现象；动压小，动载系数小；但矿压显现较为明显，端面冒顶，煤壁片帮现象较为突出。

(4)煤层顶板含水层原生裂隙发育及富水性增强，采区淋水及采空区涌水量增加。风氧化带内煤层顶板泥质类岩层约占 80%，岩性比较软弱，顶板难以控制。煤层开采后，垮落带和导水裂缝带会波及到上部弱至中等含水层，可能发生突水溃砂事故，危及矿井的安全生产。

6.6　煤层风氧化带综合探查技术

在经典采矿理论中，由于厚含水松散层下风氧化带煤层水文地质条件较差，顶板管理难度大，开采后仍存在较大安全隐患，因此一直被看作煤炭开采的高危区。近年来，由于煤炭开采技术水平的不断提高和支护装备性能的不断改进，对含水松散层下风氧化带内煤层的小范围开采取得了一定成果，只要做好顶板管理与防治水工作，就能实现风氧化带内煤层的安全回采，但是其首要任务是必须查明开采区内煤层风氧化的范围。

煤层风氧化带探测应采用现场调查、物探、煤质化验和钻探等综合方法来进行，具体可分为 3 个阶段（图 6-3），分别为普查阶段、详查阶段和精查阶段，可根据矿上回采进度，分阶段、分步骤来实施。

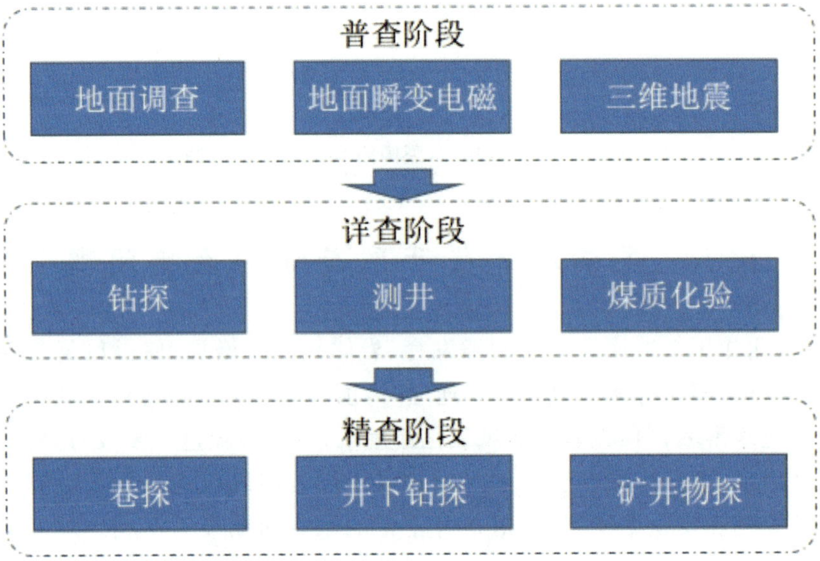

图 6-3 风氧化带综合探测方法

6.6.1 煤层风氧化带普查

煤层风氧化带普查主要采用现场调研和地面物探的方法进行。现场调查的目的是查清影响煤层风氧化主控因素的平面位置，辅助后期煤层风氧化带的详查和精查。现场调查的对象主要有地形地貌、煤层露头线、断层、裂隙、褶曲、陷落柱、井下应力集中区、导水裂缝带、古河床冲刷带、天窗等不良地质体及地表岩移沉降区、地面裂缝等。相关信息将被标绘在采掘（剥）工程平面图上，方便后期详查及精查。

由于煤层风氧化带具有低电性、低密度的特点，在现场调查的基础上，可采用地面三维地震和地面瞬变电磁法综合对目标煤层进行探查，在目标层位附近圈定低电性和弱反射异常区，根据圈定的异常范围，结合现场调查结果以及影响煤层风氧化带的主控因素共同推断煤层风氧化带的平面分布范围。

6.6.2 煤层风氧化带详查

煤层风氧化带详查的目的是在地面普查的基础上，进一步控制和修正普查阶段圈定的煤层风氧化平面范围。此阶段主要开展地面钻探工作，对现场调查、三维地震和地面瞬变电磁法圈定的煤层风氧化带分布范围进行钻探验证，建议采用对孔的形式，在煤层风氧化带范围两侧布设钻孔控制煤层风氧化带边界，钻孔的间距根据需要探查的精度来确定。同时坚持一孔多用的原则，在钻孔中进行岩样取芯、控制窥视和测井工作，并对采集的煤样进行煤质化验。开展的主要测井方法有电阻率测井、声波测井、密度测井和伽马测井，利用测井资料、孔中窥视成果和钻孔取芯资料，利用多物性参数综合确定煤层风氧化带的垂向深度。

6.6.3　煤层风氧化带精查

煤层风氧化带精查阶段，主要目的是准确获得煤层风氧化带的范围，来指导矿上安全回采。利用普查和详查确定的煤层风氧化带的范围，在井下进行巷道掘进过程中，需要布设井下钻探工程和井下物探工程来精确控制煤层风氧化带的边界。由于井下距离异常近，可采用井下物探方法进一步精查煤层风氧化的边界及范围，可采用的物探方法有井下音频电透视法、井下地震槽波勘探、矿井瞬变电磁法等。利用巷道掘进的实录资料，并结合井下物探圈定的异常范围，对煤层风氧化范围进行进一步解释，并在异常区布设钻孔进行验证，务必按照“预测预报、有掘必探、先探先掘、先治后采”的防治水原则开展工作。

6.7　过风氧化带技术对策与措施

根据有关研究，风氧化带内煤层开采需要注意以下四个方面，一是含水层的水文地质条件及其渗透稳定性；二是煤层开采以后覆岩变形破坏移动规律；三是软弱顶板尤其是存在构造弱面的顶板控制技术；四是变质煤与原煤分离运输技术。上述情况可以归纳为三类问题：防治水问题、顶板管理问题和煤质提升问题，其中防治水和顶板管理是关系安全生产的主要问题。下面根据笔者以往生产管理经验给出相应的技术措施，供读者借鉴。

6.7.1　防治水技术措施

1)地面防治水措施

(1)井口及工业广场及其附属设施必须选择在不受洪水威胁的开扩区域，避开可能发生的泥石流及山体滑坡等灾害；必须高出当地历年最高洪水位，必须构筑排水沟和防洪堤坝及导水堤坝，井口疏水沟必须能排泄就地起水的暴雨，防止地面水直接灌入井下。

(2)开采范围地表塌陷裂缝、废弃的小窑、地面出露的导水断层、陷落柱都有可能成为降水及地表水直接或间接流入井下的通道。用黏土或水泥将其填平、夯实，同时可在采空区周围修筑环状排水沟。对地面出露的断层、无炭柱在采掘设计时必须留设防水隔离煤柱。

(3)对流经矿区的河流、季节性水流渠道，可在渗漏段用黏土、水泥修筑人工河床或防水堤坝。总之，地面防治水工作应根据地表地形、地质和气候条件合理选择布置防排水工程，防、导、排结合是矿井防治水的第一道防线。

2)井下防治水措施

(1)井下采掘工作面必须坚持“有疑必探、有掘必探、先探后掘、先治后采”的防治水原则，在预定采掘施工区域必须采取物探、钻探和巷探相结合的措施。

(2)每个采掘工作面必须编制探放水设计。每个采掘工程必须经探水队按照探水设计进行工作面探水工作，探水成果报调度室、生产科、地测科、安全科，安全科全程监督探水作业；接近探水线后必须立即停止施工，通知探水队再次探水。安全科全面监督采掘队的采掘作业，确认安全后方可施工作业。

（3）在接近水淹区、古空区区域时必须编制探水设计，探水队必须根据设计进行探水作业，安全科全程监督检查；同时监测水量、水压及有害气体成分，必要时通风科制订安全技术措施进行排放；同时必须撤出受水害威胁区域内的所有员工。一旦发生透水或突水，立即启动应急救援预案。

（4）对带压开采的矿井必须制订安全技术措施。受煤层底部岩溶水威胁的矿井，主要巷道必须布置在不受水威胁的层位中，以石门分区隔离开采。严禁开采矿井防水隔离煤柱。

（5）有突水淹井危险的矿井，必须在井底车场设置防水闸门或在正常排水系统基础上另外安设具有独立供电系统且排水能力不小于最大涌水量的潜水泵。

3）井下排水

必须建立完善的矿井排水系统，根据工作面及矿井涌水量预测结果，结合《煤矿防治水细则》（2018 年 9 月 1 日实施）要求，对工作面及矿井水泵、管理、水仓等排水设施进行评价，确保排水能力符合相关规定要求且满足矿井排水需要。定期对工作面排水能力进行联排试验，确定工作面实际综合排水能力。同时做好各个水窝、水仓清理和水泵、排水管线检修工作，保障排水线路畅通。在加强防治水工作的同时，必须保证矿井具有一定的抗灾抢险的排水能力和相应的防水系统，只有这样，矿井的安全生产才能得以保证。在水量一旦意外增大的情况下，能够避免淹井事故的发生，至少能争取时间撤出危险区的工作人员。

（1）矿井必须建有主、副水仓，其容量符合《煤矿安全规程》（2016 年修订版）要求，必须安装有排水设备，有工作、备用和检修的水泵，水泵必须满足矿井最大涌水量要求；采区排水设施必须满足采区最大涌水量要求。

（2）必须定期清挖水仓、水沟、沉淀池。

（3）探水前，必须根据积水量及矿井排水能力和水仓容量，控制排水量，同时做好临时排水设备的选型和安装。煤矿防治水工作是一项技术性很强的系统工程，必须培养一批技术精、责任心强、素质高的专业队伍；严禁违章指挥、违章作业，避免麻痹大意、侥幸心理，采取以防为主，防治结合原则，做到防患于未然，确保矿井安全生产。

4）完善矿井水文动态监测系统

由于工作面面间煤柱遭受破坏，各工作面采空区积水存在连通的可能。为了掌握煤层工作面疏放水效果，必须掌握其动态发展过程，有必要在井下和地面施工水文观测孔，监测含水层疏放水期间，含水层疏放水量情况的详细变化，以了解含水层水的纵向和横向联系及工作面的疏放水效果。水文监测系统包括地面水文监测系统和井下水文监测系统两部分。地下水的水位动态变化，能直观、系统地反映含水层的水文地质条件，预测矿井突水水源。

5）制订水害应急救援措施和应急预案

（1）水害应急救援措施：煤矿灾害事故的应急救援是煤矿安全工作的重要组成部分，应急救援的总目标是通过预先设计的应急措施，利用一切可以利用的力量，在灾害事故发生后迅速控制其发展，并努力使灾害损失降至最小。为保证煤矿的安全生产、保障矿山应急救援工作的及时有效，必须建立一套完整的灾害应急救援系统，提高矿井抗灾救灾的能力，这也是处理矿井特别重大事故的关键。

建立矿井灾害应急救援系统的目的：一旦发生事故，控制危险源，避免事故扩大，在可能情况下予以消除；尽可能减少事故所造成的人员和财产损失。因此，灾害应急救援系统应提出详尽、实用、明确和有效的技术与组织措施。

建立矿井灾害应急救援系统，其主要作用归纳如下。

(a)控制危险源：及时控制造成事故的危险源是应急救援工作的首要任务，只有及时控制住危险源，防止事故的继续扩展，才能及时、有效地进行救援。

(b)抢救受害人员：抢救受害人员是应急救援的重要任务，在应急救援行动中，及时、有序、有效地实施现场急救与安全转送伤员，是降低伤亡率、减少事故损失的关键。

(c)指导井下工人防护，组织工人撤离：由于事故发生突然、扩散迅速、涉及范围广、危害大，应及时指导和组织工人采取各种措施进行自身防护，并迅速撤离出危险区或可能受到危害的区域。

(d)帮助现场清查，消除危害后果：对事故外逸的有毒有害物质和可能对人和井下环境继续造成危害的物质，应及时组织人员予以清除，消除危害后果，防止对人的继续危害和对井下环境的污染。

(e)辅助事故调查，估算危害程度：事故发生后应及时调查事故的发生原因和事故性质，估算出事故的危害波及范围和危险程度，查明人员伤亡情况，做好事故调查。

(2)应急预案：煤矿水害应急救援预案的编制是应急救援系统的重要组成部分，应急救援预案要求对突水灾害的每个过程阶段每位人员提供应对方案，包括辨识突水征兆，发布预警信号，对灾害应急处置，自救避灾，制订救援方案，撤离井下工作人员，抢险就灾等措施。预案的内容应该包括：防治水领导小组及各职能部门进入紧急状态；水位、水量动态加密监测，开始水文地质探查；启动专家会诊程序(事先应建立专家库)；避灾路线进入核实、巡检状态；排水设备，电力供应进入抢险救灾待命状态；注浆设备、材料和人员进入待命状态；矿山救护队进入待命状态；启动远程联动程序(例如调用大泵、大钻机、窥视仪等)。

要根据上述预案条款，划分出初级防灾预案、中级防灾预案和高级防灾预案。根据不同预案制订不同的措施。

6.7.2　顶板支护技术及措施

目前，煤炭行业广泛使用的顶板支护技术是煤巷锚杆支护技术，在使用率逐年提高的同时，煤巷锚杆支护技术也不断地改善，各种机理研究和措施的提出也得到了认可，为煤炭企业的高效安全生产带来了实际的帮助。过风氧化带的掘进工作面，顶板管理是最重要的环节。因此，掘进工作面能否顺利通过风氧化带，核心问题就是解决好顶板管理和控制问题。为解决风氧化带对掘进工作的影响，保证掘进工作面安全高效生产，在串草圪旦煤矿和红树梁煤矿进行现场试验基础上，总结出一套切实可行的组合支护技术和施工技术。

1)巷道过风氧化带支护技术

组合支护技术是先预支护后永久支护，先利用预支护形成受控面，控制住前方待掘顶板，然后再进行掘进的支护技术。

(1)超前锚杆,临时支护。掘进前要进行临时支护,在迎头两棚中间以 15°～25°的仰角打超前锚杆,锚杆间距为 200～400mm。这样,可以让超前锚杆形成受控面,能够很好地对顶板进行控制,确保掘进时的顶板稳固。通过“一掘一锹一架”不断循环的办法,缩短循环进尺。这样可以缩短控顶距离,减少空顶时间。对顶板起到更好的控制,以防顶板冒落事故。

(3)注加固剂。巷道进行正常探放水之后,要在掘进前注加固剂。根据现场环境,注加固剂的角度一般与巷道水平呈 15°～30°夹角,眼深为 2.5～3m,眼距为 300～500mm。每两棚要注一次加固剂,每注一次加固剂要打眼 15 个左右,每眼注 100～150kg 加固剂。注加固剂时一般有充填型和加固型两种,适用于不同的顶板条件。充填型可以用在较空的顶板条件,例如打眼过程中钎杆突然被吸,前进没有阻力时;加固型则用在破碎但没有空洞的顶板条件下,例如打眼过程中钎杆阻力不变时。

(4)多种方式,联合支护。采用多种方式(例如锚、架、联锁、喷)联合支护,提高对支护对象的控制。

(a)锚:锚顶采用“锚杆＋锚索＋钢带＋金属网”的联合方式。在进行锚杆支护的基础上,根据顶板实体部分厚度的不同,选择不同长度的锚索。如顶板实体部分比较厚时,可以选择 7.3m 的长锚索,顶板实体部分比较薄时,可以选择 5m 与 13.3m 锚索结合(五花眼布置)使用。通过这种长短结合的方式,再配合钢带和金属网,提高对顶板的控制。

(b)架:采用联合方式进行锚顶之后,再套“U”形钢棚。架“U”形钢棚时,必须保证棚腿落到实底,如果不能落到实底,则要求“穿木鞋”。对于巷道帮和肩窝部分,则要用半圆木、背板、木楔与巷道“腰紧背实”。

(c)联锁:在施工过程中,巷道每前进 4～6m 的距离就要对所架“U”形棚加固,加固通过“钢管＋ 板卡”进行联锁。联锁要求紧固有效、逐棚进行,巷道顶部两道、两帮各一道,不能少联或者漏联。

(d)喷:巷道施工每完成 20～40m 要喷浆一次。喷浆分为两步,先初喷,之后再永久喷。喷浆过程中,喷浆的厚度以及质量必须符合规定,而且喷浆后巷道表面要保持平整光滑,确保良好的支护效果。

当施工切眼等大断面巷道遇到风氧化带时,可采用先施工导硐后刷扩的方式。施工导硐采用组合支护技术,在刷扩时利用导硐的揭露作用,提前在风氧化带注浆加固,然后用“大棚替小棚”的作业方式,从而实现大断面巷道安全过风氧化带。

2)综放工作面过风氧化带采掘技术

(1)顶板破碎时,移架实行追机作业。顶梁伸出后要不小于初撑力,以有效支护顶板。支架前梁要及时伸出,迅速将顶板接实,防止顶板漏冒事件的发生。保证支架稳定、打结严实,禁止咬架、错架现象的出现。

(2)工作面上下端头处不放煤,支架尾梁和插板相关的阀组要锁紧,保证端头顶煤结构的稳定,利于端头顶板控制。

(3)根据支架围岩理论,工作面要严格控制好采高和层位,始终沿煤层底板掘进,保证支架底座与顶底板接实。

(4)超前支护和端头支护因各种原因需进行重新打单体支柱或架棚时,应采取先打后回的方法。楔子要打牢，跨溜子的双楔棚要牢固可靠，不要过早拆除。

(5)工作面回采期间上端头 3 台端头支架、下端头 3 台支架必须铺设金属网，网的压茬不小于 100 mm，每隔 200 mm 用 14＃铁丝双股拧好，金属网要铺平，拉紧上下巷的顶网并联好。铺联网要在前部刮板输送机的支架侧操作。每次铺联网要留有足够的余量，以便于下次铺联。铺联好的网要吊挂在支架顶梁上，避免被采煤机滚筒割到。

(6)主运、回风巷因顶板破碎局部冒落出现网兜时，需要将网兜中的碎矸放掉并将网兜重新联好。巷道顶板掉顶、片帮严重时需重新补打锚杆。出现变形或开裂严重等矿压显现时，应重新编制措施进行整改。

(7)回采过程中，两巷的锚杆、锚索托盘要及时拆卸，以保证采空区的顶板能及时冒落。

(8)回风、主运巷及出口和端头支护的双楔梁和铰接顶梁要铰接使用，不同型号规格的顶梁以及铰接顶梁和双楔梁不得混用。

3)工作面开采安全保障措施

通过上述的分析可以发现，在风氧化带复杂条件下进行顶板开采作业时，面临着较为严重的安全问题，一方面，该煤层因为地质问题较为松散，安全问题难以保证，容易发生冒顶事故；另一方面，工作人员在工作过程中容易因为经验缺乏而给工作埋下安全隐患。所以为了能够进一步降低开采工作的风险，为工作面回采结束后做拆除准备，应该做好风氧化带的安全防护工作，既要防范开采过程中的相关问题，又要做好回撤设备通道的安全防护。

(1)做好风氧化带的开采防护措施。机组割煤时及时跟机移架，移架时要带压擦顶拉架，拉架后及时打出护帮板，防止煤壁片帮，即拉架时要做到少降快移，擦顶带压移架，尽可能缩短空顶时间；移架时采煤机司机要站在所操作支架左右两架以外的安全护身位置，如果煤壁片帮要及时超前移架。移架时必须做到依次移架，禁止隔架移架，采煤机行走速度要与支架工移架速度配合好，以防止空顶时间长而导致顶板稳定性下降发生冒顶事故。工作面工作结束前，根据风氧化带顶板情况在工作面支架上部，提前整面铺菱形网、拉加筋钢丝绳，必要时可以在工作面顶板打锚杆、锚索，对破碎顶板进行支护，提高围岩整体性。严格执行现场交接班制度，检修期间，要确保工作面不留空刀，能拉超前的支架必须拉超前架，防止煤壁片帮导致空顶距增大。加强开采过程中的自身安全防护，有效地避免开采过程中的危险事故，同时提高支架整体护帮稳定性，防止出现煤层片帮问题。

(2)科学安排人员的施工工作。如果顶板漏渣严重，要及时进行护顶作业。作业时，人员在机道内工作，必须将采煤机、刮板输送机停电闭锁。在对顶板进行护顶支护时，每组人员不得少于 5 人，其中 4 人作业，一人观察顶板及煤壁情况。掌握好安全，要加强附近支架的支护效果，避免漏矸范围进一步扩大。背顶时从漏矸附近逐架向漏矸严重区域找顶、护顶，选好支架后，在煤壁侧掏梁窝，将前梁降下，在前梁上串板梁至煤壁梁窝内，在煤壁侧板梁下打靠帮点柱支护，升紧支架，在板梁上空隙处用道木背实，快速推进，在背顶时根据现场实际情况，漏渣严重时要将背顶木料进行加密，加密程度视现场情况而定。合理安排施工人员，安排 4～5 人组的协同作业，能够提高煤矿开采的工作效率，进一步提升煤矿开采过程中的安全性。

(3)做好风氧化带下设备回撤通道建设工作。在风氧化带进行采煤作业时，煤层的不稳定性，会给施工人员带来诸多安全隐患。在工作面回采完成之后，还需要做好工作面设备撤离准备，这就要求回撤通道的建设必须牢固可靠。在进行通道建设施工前应该按照要求执行隐患排查治理工作，发现隐患必须处理后方可进行施工作业。当班必须有跟班队长现场盯班，确保施工安全。必须严格执行“敲帮问顶”制度，严禁空顶作业。风氧化带顶板治理过程中，可以采用注浆加固、利用部分煤层代替风氧化顶板作为出架通道的顶板等方式，直接或者间接提高顶板强度，改善顶板条件。良好的设备回撤通道建设基础工作，既能够提高设备回撤期间通道的安全性，保障设备回撤的顺利进行，提高设备的转运效率。

(4)以部分煤层代替风氧化顶板。在风氧化区域留煤层作为工作面顶板，代替风氧化弱强顶板，留底煤范围大小直接影响工作面顶板留设效果。抬刀留底煤区域太小会出现起坡角度过大，支架倾斜，拉后溜过程中极易出现漂刮板事故；留底煤区域太大会拉长工作面过断层影响范围，增加清煤工作量，同时不利于现场顶板管理。所以，在进行末采开采工作过程中应该及时做好主动割底，基本控制在末采阶段的30m左右开始进行割底留顶，根据刮板输送机纵向允许起伏幅度，核定抬刀范围为20组支架，同时沿着顶板推进区域核定为20组支架，可以避免引起断阶式工作面，被动增加现场实际操作难度和顶板管理难度。

6.7.3 煤岩动态分采分运技术

风氧化带影响范围内的煤质差，进入选煤厂后对洗选设备影响较大，因此风氧化煤不能洗选。为保证煤质，最大程度提高正常原煤产量，可将工作面割煤、放煤与运煤系统有机结合，实现风氧化煤与正常原煤的动态分采分运。风氧化煤与正常原煤的动态分采分运系统是指运煤系统随出煤煤质的变化而变化。当工作面主采正常原煤时，运煤系统将煤运至正常原煤煤仓；工作面主采风氧化煤时，运煤系统将煤运至风氧化煤仓。两套运煤系统线路一致，只是在落地处设置不同的出煤口，将煤落至不同的煤仓。两套运煤系统启动时，应协调掘进面出煤对系统的影响，防止出现风氧化煤与正常原煤掺混。

若工作面内顶煤上部存在大范围稳定的风氧化煤，风氧化煤与正常原煤比重相当，且煤层具有明显的风氧化煤与正常原煤分界面时，可采用多轮循环放煤配合运煤系统进行分采分运。第一轮将下部正常原煤放出，放煤口出现风氧化煤即关，此时运煤系统为正常原煤运煤系统；第二轮放煤前将运煤系统调整为风氧化煤运煤系统，然后将上部风氧化煤放出，这样能极大程度地使风氧化煤与原煤分离。在开采过程中，采取提高煤质的措施主要如下。

(1)通过降低采高，超前支护，顶板铺网，上半圆木，风氧化区域不放煤等措施尽可能减少风氧化煤进入煤流系统。

(2)若顶板漏下较多风氧化煤，停下前部运输机，待顶板稳定，支护完成后，开动前部运输机。

(3)风氧化区域移架后及时收回后部运输机，防止顶部风氧化煤进入煤流系统。

(4)及时排水，减少生产用水进入煤流系统，煤机割煤至此段适当减小煤机喷雾，防止风氧化煤遇水后黏结性增强。

(5)加强设备检修，保证开机率，尽快通过风氧化区域。

(6)煤机割煤至风氧化区域需加强工作面中部、机头煤质较好区域放煤，减少风氧化煤对主运系统的损坏。

第7章 结论与展望

准格尔煤田是国家重点能源建设基地，集煤、电、路功能于一体，因东部区域靠近黄河，煤层埋深变浅，部分区域煤层出露，造成该区域煤层风氧化，失去了煤的工业价值。本书研究了风氧化煤的成因、勘探方法与技术，重点对准格尔煤田东部风氧化煤的勘探成果进行介绍，对风氧化煤形成机理及影响因素进行了研究分析，并针对风氧化煤的开采工艺及相关措施进行了总结，对下一步风氧化煤的探查和开采具有重要意义。

7.1 结论

1)风氧化煤分布规律

准格尔煤田东部区域风化煤分布具一定的规律性。区内风化煤主要集中在煤层露头或隐伏煤层露头附近，并且离露头线越近，风氧化程度越严重，各矿以往以煤层露头线内推60m宽确定为煤层风氧化带；另外在向斜轴部或断层破碎带两侧，煤层风氧化现象也较严重，分布范围与构造展布方向基本一致；在沟谷较发育地区、盖层较薄区域和煤层顶板裂隙较发育区域，煤层风氧化现象也广泛存在，表现为煤层局部风氧化。

2)风氧化带的成因

出露的煤层，在大气和水的作用下受到不同程度的风化、氧化，其物理、化学和工艺性质发生了变化，导致煤层的风氧化。

3)风氧化煤勘探方法

煤层风氧化带探测应采用现场调查、物探、煤质化验和钻探等综合方法来进行。

(1)首先采用现场调查的方法，现场调查的目的是查清影响煤层风氧化主控因素的平面位置，辅助后期煤层风氧化带的详查和精查。

(2)在现场调查的基础上，可采用地面三维地震、地面瞬变电磁法、激发极化法等方法综合对目标煤层进行探查，在目标层位附近圈定低电性和弱反射异常区，根据圈定的异常范围，结合现场调查结果以及影响煤层风氧化带的主控因素共同推断煤层风氧化带的平面分布范围。

(3)采用地面钻探的方法，在地面物探的探查成果基础上设计钻探方案，在煤层风氧化带范围两侧布设钻孔控制煤层风氧化带边界。

(4)利用普查阶段和详查阶段确定的煤层风氧化带范围，在井下进行巷道掘进过程中，采用井下钻探工程和物探工程来精确控制煤层风氧化带的水平边界和垂向发育深度。

4)准格尔煤田东部勘探成果

本书由南往北分别介绍了准格尔煤田东部串草圪旦、红树梁、黑岱沟和不连沟煤矿风氧化煤的勘探成果。其中,串草圪旦采用地面瞬变电磁法和钻探的方式进行风氧化带的探查,红树梁采用地面三维地震和钻探的方式进行风氧化带的探查,黑岱沟和不连沟均采用地面钻探的方式进行风氧化带的探查。从上述4个煤矿的探查成果来看,风氧化带主要集中在煤层露头或隐伏煤层露头附近,其次在构造带附近也存在,在准格尔煤田东南部煤层风氧化带分布范围相对较广,局部发育至煤层露头线内推200m宽。

5)开采中针对风氧化煤的对策

煤矿开采煤层过程中遇见风氧化带时,主要面临着三大问题:防治水问题、顶板管理问题和煤质提升问题。针对该三大问题,本书在查阅文献和实际采煤经验中总结了对应的措施。

7.2 展望

本书在调查和研究的基础上,针对风氧化煤探查和对策,形成如下建议。

(1)针对风氧化煤的勘探方法,目前所采用物探方法仅局限于瞬变电磁法、三维地震。根据风氧化煤的地球物理特征可知,煤风氧化后,其电阻率和极化率都会发生较大的变化,同时煤层发生风氧化的区域大多集中在埋深较浅地带,因此可以采用激发极化法综合圈定风氧化煤的范围。另外在煤矿回采工作面形成后,可采用无线电波透视、槽波地震、孔中电磁法等新技术精细探查工作面内煤层的风氧化范围,为下一步采煤提供透明地质信息。

(2)煤层风氧化后,由于其放热量变低失去工业价值,一般采用露天排弃或少量销售等处理方式。根据环保政策的要求,亟需寻找新的环保处理方式。

(a)目前逐渐发展了新的干法选煤工艺,提升风氧化煤的发热量,使之成为商品煤。

(b)将风氧化煤与煤矸石混合燃烧进行发电,因为氧化煤的热解速率略高于煤矸石的热解速率,在煤矸石和风氧化煤的共燃烧过程中,风氧化煤的加入不会影响煤矸石的峰值温度,但可改善煤矸石的着火性能,风氧化煤的加入有利于提高煤矸石的富氧燃烧特性。

主要参考文献

崔兆帮,朱炎铭,奚方喆,等.河北大城地区煤层气风氧化带深度研究及其意义[J].煤炭技术,2015,34(9):113-115.

代长青,宣以琼,杨本水.含水松散层下风氧化带内煤层安全开采技术[J].煤炭科学技术,2007(7):26-30.

杜保成,王润平,刘江伟.综放面过风氧化带顶板运移规律和围岩控制技术[J].能源技术与管理,2015,40(1):55-57.

冯翠荣,马海军.准格尔煤田构造特征及聚煤规律研究[J].西部资源,2017(5):21-24.

高志超,李霞.综放工作面过风氧化带关键技术研究[J].山西焦煤科技,2014,38(1):26-28.

郝甲飞.论浅埋藏风氧化带预测分析研究[J].山东煤炭科技,2017(6):84-85+88.

何继善.双频激电法[M].北京:高等教育出版社,2006.

贺祚仁.平朔矿区安太堡2号露天矿的风氧化煤[J].煤田地质与勘探,1990(4):5-9+71-72.

胡少华.鄂尔多斯盆地工业区煤层风氧化形成机制[J].陕西煤炭,2002(3):21-22+14.

蒋邦远.瞬变电磁法勘探[M].北京:地质出版社,1998.

李春阳.隐伏煤田煤层风氧化带的勘探方法[J].煤田地质与勘探,1994,22(4):5.

李世忠.钻探工艺学[M].北京:地质出版社,1989.

李文超.综放工作面过断层及风氧化带的研究与应用[J].煤炭科技,2020,41(3):99-101.

李貅.瞬变电磁测深的理论与应用[M].西安:陕西科学技术出版社,2002.

刘国庆.准格尔旗煤田塌陷地生态修复研究[D].呼和浩特:内蒙古师范大学,2008.

刘民,姬敏,张军.风氧化工作面的煤质控制技术研究[J].煤质技术,2014(2):18-19.

刘田田.新中国成立以来准格尔旗煤炭业的发展与影响[D].呼和浩特:内蒙古师范大学,2020.

陆基孟,王永刚.地震勘探原理[M].北京:中国石油大学出版社,2011.

任子禄.浅谈矿井水害防治措施[J].科技创新与应用,2013(2):83-83.

孙朋.大断面巷道过风氧化带关键技术研究[J].山东煤炭科技,2017(10):2.

孙伟涛,胡莹.风氧化煤地质与地球物理特征[J].中国煤炭地质,2018,30(S2):70-73.

田多,赵启峰,邵国安,等.风氧化带内综放开采覆岩变异特征与矿压显现规律研究[J].采矿与安全工程学报,2015,32(5):808-813.

吴楚楚.矿井无线电波透视系统的研究与设计[D].福州:福州大学,2016.

仵梅,马瑞平.煤变质的测井曲线响应[J].西部探矿工程,2009,21(11):114-115.

杨本水,孔一繁,余庆业.风氧化带内煤层安全开采的试验研究[J].中国矿业大学学报,2004,33(1):50-54.

杨高峰.大埋深煤岩层风氧化带发育机理及其对开采影响的分析[J].能源与环保,2019,284(8):83-88.

杨玉文,赵国柱,李金锋,等.内蒙准格尔、清水河煤田煤系高岭土地质特征及工作建议[J].中国非金属矿工业导刊,2006(1):55-56+60.

张其胜.偏关正兴扩区煤层风氧化规律初探[J].山西焦煤科技,2012,36(4):20-22+25.

张宇驰,何廷峻,杨本水.风氧化带内煤层开采覆岩移动破坏规律研究[J].安徽理工大学学报(自然科学版),2003,23(2):1-4.

张圆圆.煤矸石燃烧特性及影响机制研究[D].太原:山西大学,2016.